高职高专"十三五"规划教材

工程力学
第 二 版

蔡广新　主　编
邹克武　贾志宁　赵海贤　王雍钧　副主编
孙占刚　主　审

化学工业出版社

·北京·

本书以高职高专的培养目标和规格为依据，充分考虑高职高专教育的特点，强化力学概念、淡化学科体系、突出实际应用。本书共分10个单元，内容包括静力学、材料力学和课程实验等内容。书中语言通俗易懂，内容难度适宜，列举了大量典型实例和适量的习题。书后附有习题参考答案，并配套了电子课件。

本书作为高职高专机械类和近机械类专业工程力学课程的教学用书，并可供相关工程技术人员使用。

图书在版编目（CIP）数据

工程力学/蔡广新主编. —2版. —北京：化学工业出版社，2016.11（2023.1重印）
高职高专"十三五"规划教材
ISBN 978-7-122-28196-8

Ⅰ.①工⋯ Ⅱ.①蔡⋯ Ⅲ.①工程力学-高等职业教育-教材 Ⅳ.①TB12

中国版本图书馆 CIP 数据核字（2016）第 235474 号

责任编辑：韩庆利　　　　　　　　　　装帧设计：史利平
责任校对：宋　夏

出版发行：化学工业出版社（北京市东城区青年湖南街13号　邮政编码100011）
印　　装：涿州市般润文化传播有限公司
787mm×1092mm　1/16　印张 9¾　字数 228 千字　2023 年 1 月北京第 2 版第 3 次印刷

购书咨询：010-64518888　　　　　　　　售后服务：010-64518899
网　　址：http://www.cip.com.cn
凡购买本书，如有缺损质量问题，本社销售中心负责调换。

定　　价：23.00元　　　　　　　　　　　　　　　　　版权所有　违者必究

前言
FOREWORD

本书第一版自出版以来，深受广大师生好评，但随着相关国家标准、行业标准的不断更新和高职院校对人才培养模式、优质核心课程建设工作的不断深入，教材结构和内容方面已不能满足教学要求，需要进一步优化和完善。为此，编者认真总结了近几年的教学经验和反馈意见，在总结第一版使用经验的基础上进行了修订。

根据几年来的使用情况，特别是近几年来高职高专院校学生基础知识的实际情况，对原书的内容做了进一步的精选和更新，删去了一些偏难及实际工作中很少用到的内容和习题，增加了判断题和选择题，既考虑了知识点的覆盖面，又降低了作业的难度，习题数量适中，便于教师根据教学需要安排。

参加本书修订的人员有：承德石油高等专科学校蔡广新（第一、二单元）、邹克武（第三单元）、贾志宁（第五单元）、王雍钧（第六单元）、赵海贤（第七单元）、关晓东（第九单元）、宋晓明（第十单元），青海高等职业技术学院飞尚才（第四单元）、关婷婷（第八单元）。本书由蔡广新任主编，邹克武、贾志宁、赵海贤、王雍钧任副主编，孙占刚教授担任本书主审。

本书书后附有习题参考答案，并且配套电子课件，可赠送给用本书作为授课教材的院校和老师，如果需要，可登录 www.cipedu.com.cn 下载。

由于水平所限，虽经几次修改，但仍可能有疏漏和不妥之处，恳请使用本书的读者批评指正。

编　者

第一版前言

　　本书是为了适应我国高职高专教育大力发展的需要,参照教育部制定的《高职高专教育工程力学课程基本要求》和高职高专专业人才培养目标及规格的主要精神,并结合编者多年教学经验编写而成的,可供机械类、近机械类专业使用。

　　本书主要特点如下。

　　(1)将静力学、刚体运动学和动力学、材料力学内容有机地结合在一起,对传统学科型教材进行了整合,尽量避免内容之间不必要的交叉和重叠,淡化学科体系,减少教学时数,提高课堂教学效率。

　　(2)基本知识点的选取以"必需"、"够用"为度,没有过多的理论推导;为体现高职高专教育的特点,本书选取了许多工程中的例题和习题,以培养学生分析问题和解决实际问题的能力。

　　(3)本书在叙述上力求通俗易懂,深入浅出,对于各种基本概念与基本原理的阐述力求简明扼要。

　　(4)为适应实践教学的需要,在书后增加了基本实验和结合工程实际的课程设计,以提高学生的实践动手能力和工程素质。

　　参加本书编写的有蔡广新、梅彦利、张汉军、邹克武、关晓东、张春青、刘春哲、贾志宁、王雍钧。 蔡广新任主编,负责全书的统稿,梅彦利、张汉军任副主编。 北京理工大学庞思勤教授仔细审阅了全书的文稿和图稿,提出了很多宝贵意见和建议,在此表示衷心的感谢。

　　本书有配套电子教案,可赠送给用本书作为授课教材的院校和老师,如果需要,可发邮件至 hqlbook@126.com 索取。

　　由于编者水平有限,缺点在所难免,恳请广大读者批评指正。

编　者

目录 CONTENTS

单元一　静力分析基础 … 1

课题一　静力分析基本概念 … 1
一、力的概念 … 1
二、力系 … 2
三、刚体的概念 … 2
四、力矩的概念 … 2
五、力偶的概念 … 2

课题二　静力分析基本公理 … 3
一、二力平衡公理 … 3
二、加减平衡力系公理 … 3
三、作用与反作用公理 … 4
四、力的平行四边形公理 … 4
五、三力平衡汇交定理 … 5

课题三　约束与约束反力 … 5
一、柔体约束 … 5
二、光滑接触面约束 … 6
三、光滑圆柱铰链约束 … 6
四、铰链支座约束 … 7

课题四　受力分析与受力图 … 8
习题 … 9

单元二　平面基本力系 … 13

课题一　平面汇交力系合成与平衡的几何法 … 13
一、平面汇交力系合成的几何法 … 13
二、平面汇交力系平衡的几何条件 … 14

课题二　平面汇交力系合成与平衡的解析法 … 15
一、力在坐标轴上的投影 … 15
二、合力投影定理 … 16
三、平面汇交力系合成的解析法 … 16
四、平面汇交力系的平衡方程 … 17

  课题三 平面力偶系 19
    一、平面力偶系的合成 19
    二、平面力偶系的平衡条件 19
  习题 20

◎ 单元三 平面任意力系 **23**

  课题一 力向一点平移 23
  课题二 平面任意力系的简化 24
  课题三 平面任意力系简化结果分析 合力矩定理 26
    一、简化结果分析 26
    二、合力矩定理 26
  课题四 平面任意力系的平衡方程及应用 27
  课题五 刚体系统的平衡问题 31
  习题 34

◎ 单元四 空间力系 **36**

  课题一 空间力系的平衡方程及应用 36
    一、力在空间直角坐标轴上的投影 36
    二、力对轴之矩 37
    三、合力矩定理 38
    四、空间力系的平衡方程式 38
  课题二 平面图形的形心 41
    一、形心坐标公式 41
    二、组合图形的形心计算 41
  习题 42

◎ 单元五 杆件的轴向拉伸与压缩 **44**

  课题一 构件承载能力概述 44
    一、构件的承载能力 44
    二、变形固体及其基本假设 45
    三、杆件变形的基本形式 45
  课题二 轴向拉伸与压缩的概念 46
  课题三 轴向拉伸与压缩时横截面上的内力 47
    一、内力的概念 47
    二、截面法求轴力 47
    三、轴力图 48
  课题四 轴向拉伸与压缩时横截面上的应力 48
    一、应力的概念 48
    二、横截面上的应力 49
  课题五 拉(压)杆的变形 50

一、纵向变形，胡克定律 ………………………………………………… 50
　　　二、横向变形，泊松比 …………………………………………………… 51
　课题六　材料在拉伸时的力学性质 …………………………………………… 52
　　　一、低碳钢的拉伸试验 …………………………………………………… 52
　　　二、灰铸铁的拉伸试验 …………………………………………………… 55
　课题七　材料在压缩时的力学性质 …………………………………………… 55
　　　一、塑性材料 ……………………………………………………………… 55
　　　二、脆性材料 ……………………………………………………………… 56
　课题八　拉（压）杆的强度计算 ……………………………………………… 56
　课题九　应力集中的概念 ……………………………………………………… 59
　课题十　连接件的实用计算 …………………………………………………… 60
　　　一、剪切的实用计算 ……………………………………………………… 60
　　　二、挤压的实用计算 ……………………………………………………… 61
　　　三、焊缝的实用计算 ……………………………………………………… 61
　习题 ……………………………………………………………………………… 64

○ 单元六　圆轴扭转　　67

　课题一　圆轴扭转时的内力 …………………………………………………… 67
　　　一、外力偶矩的计算 ……………………………………………………… 67
　　　二、扭矩和扭矩图 ………………………………………………………… 67
　课题二　圆轴扭转时的应力和强度计算 ……………………………………… 68
　课题三　圆轴扭转时的变形和刚度计算 ……………………………………… 71
　　　一、圆轴扭转时的变形 …………………………………………………… 71
　　　二、圆轴扭转时的刚度计算 ……………………………………………… 71
　习题 ……………………………………………………………………………… 73

○ 单元七　梁的弯曲　　76

　课题一　平面弯曲认知 ………………………………………………………… 76
　　　一、平面弯曲的概念 ……………………………………………………… 76
　　　二、梁的基本形式 ………………………………………………………… 77
　课题二　弯曲内力 ……………………………………………………………… 77
　　　一、剪力和弯矩 …………………………………………………………… 77
　　　二、剪力图和弯矩图 ……………………………………………………… 79
　　　三、剪力、弯矩与载荷集度之间的微分关系 ………………………… 82
　课题三　弯曲正应力 …………………………………………………………… 83
　　　一、纯弯曲梁横截面上的正应力 ……………………………………… 83
　　　二、惯性矩 ………………………………………………………………… 86
　　　三、弯曲正应力强度条件及其应用 …………………………………… 89
　课题四　提高梁弯曲强度的措施 ……………………………………………… 91
　　　一、减小最大弯矩 ………………………………………………………… 92

二、提高弯曲截面系数 ··· 93
　　　三、等强度梁 ··· 94
　课题五　梁的弯曲刚度 ·· 95
　　　一、挠度和转角 ·· 95
　　　二、叠加法求梁的位移 ··· 95
　　　三、梁的刚度计算 ·· 98
　习题 ··· 99

○ 单元八　组合变形　　　　　　　　　　　　　　　　　　　104

　课题一　拉伸（压缩）与弯曲的组合变形 ··································· 104
　　　一、外力分析 ·· 104
　　　二、内力和应力分析 ·· 105
　　　三、强度条件 ·· 105
　课题二　弯曲与扭转的组合变形 ·· 107
　习题 ·· 109

○ 单元九　压杆稳定　　　　　　　　　　　　　　　　　　　111

　课题一　压杆稳定的概念 ··· 111
　课题二　细长压杆的临界载荷 ··· 112
　课题三　欧拉公式的适用范围 ··· 114
　　　一、细长压杆的临界应力 ·· 114
　　　二、欧拉公式的适用范围 ·· 114
　　　三、经验公式 ·· 115
　课题四　压杆的稳定性计算 ·· 116
　课题五　提高压杆承载能力的措施 ·· 118
　　　一、合理选择材料 ··· 118
　　　二、减小压杆柔度 ··· 118
　习题 ·· 120

○ 单元十　课程实验　　　　　　　　　　　　　　　　　　　122

　课题一　设备简介 ·· 122
　　　一、液压式万能材料试验机 ·· 122
　　　二、电子万能材料试验机 ··· 123
　　　三、电子扭转试验机 ·· 124
　课题二　基本实验 ·· 125
　　　一、低碳钢、铸铁的拉伸和压缩试验 ····································· 125
　　　二、扭转试验 ·· 126
　　　三、弯曲正应力的测定 ··· 128
　　　四、弯扭组合变形时主应力的测定 ······································· 129
　　　五、实验报告的书写 ·· 130

附录 131

附录 A 热轧型钢（摘自 GB/T 706—2008） ……………………… 131
附录 B 习题参考答案 …………………………………………… 141

参考文献 143

单元一　静力分析基础

静力分析研究物体在力系作用下平衡的普遍规律，所谓平衡，是指物体相对于地球表面保持静止或作匀速直线运动的状态，它是机械运动的特殊情况。工程中有许多机器的零件和构件，它们在工作时处于平衡状态或近似地看作处于平衡状态，如机器的传动轴、机架、机床的主轴、起重机的起重臂等。为了合理地设计这些零件和构件的形状、尺寸，选用恰当的材料，需要对这些物体进行强度、刚度和稳定性的分析计算，这些问题的分析和解决都是以静力分析的基本知识作为基础的。

课题一　静力分析基本概念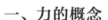

一、力的概念

力的概念是人们在长期生活和生产实践中逐步形成的。经过科学抽象，建立了力的概念：力是物体间相互机械作用，这种作用使物体的运动状态和形状发生改变。力对物体作用产生运动状态的改变，称为力的运动效应或称外效应；力使物体发生形状的改变，称为力的变形效应或称内效应。

力对物体的效应取决于力的大小、方向和作用点，这三者称为力的三要素。

力的大小是指物体间相互作用的强弱程度，可以根据力的效应大小来测定。其计量单位在国际单位制中规定为 N（有时以 kN 为单位）。

力的方向，是指力作用的方位和指向。如重力的方向是"铅锤向下"。"铅锤"是重力的方位，"向下"是力的指向。

力的作用点，是指力作用的位置。实际上两个物体直接接触时，力的作用位置分布在一定的面积上，只是当接触面积相对较小时，才能抽象地将其看作集中于一点，这种力称为集中力。不能抽象地看作集中力的力称为分布力或分布载荷。如梁的自重、风力、水的压力等都是分布力或称分布载荷。对于分布载荷，单位长度上的载荷量或单位面积上的载荷量称为载荷集度。一段长度上或一块面积上载荷集度为等值的分布载荷，称为均布载荷。

由于力既有大小，又有方向，所以力是矢量。它服从于矢量的运算法则。可以用一个带箭头的有向线段来表示，如图 1-1（a）中所表示的 **F** 力。有向线段的长度（按一定的比例）表示力的大小，线段的方位 θ 角和箭头的指向表示力的方向，线段的起点（或终点）表示力的作用点。当两物体间为拉力时，以线段的起点为作用点，如图 1-1（b）中的 A 点所示，

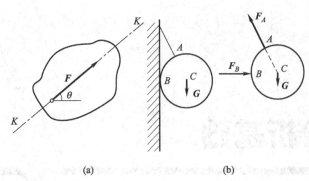

图 1-1　力的表示

表示 F_A 的作用点。当两物体间为压力时,以线段的终点为作用点,如图 1-1 (b) 中的 B 点所示,表示 F_B 的作用点。本书中,矢量均以黑斜体表示。

二、力系

作用于同一物体上的一群力称为一个力系。如果刚体在一个力系作用下保持平衡,则称这一力系为平衡力系。平衡力系中的各个力对物体的外效应相互抵消。如果两个力系对同一物体的效应相同,则称这两个力系等效,或者说其中一个力系是另一个力系的等效力系。如果一个力与一个力系等效,则该力就称为这个力系的合力,而力系中的各个力称为此合力的分力。

三、刚体的概念

所谓刚体是指在力的作用下不变形的物体。实际上,任何物体在力的作用下或多或少都会产生变形的,如果物体变形很小,且变形对所研究问题的影响可以忽略不计,则可将物体抽象为刚体。但是,如果在所研究的问题中,物体的变形成为主要因素时,就不能再把物体看成刚体,而要看成为变形体。静力分析中所研究的物体都抽象为刚体。

四、力矩的概念

若某物体具有一固定支点 O 点,受 F 力的作用线不通过固定支点 O 时,则物体将产生转动效应。其转动效应与力 F 的大小和 O 点到力 F 作用线的垂直距离 h 有关,用它们的乘积来度量平面力对点之矩,简称力矩,记作

$$M_O(F) = \pm Fh$$

h 称为力臂。O 点称为矩心,它可以是固定支点,在理论研究中也可以是某指定点。力矩正负值一般规定为:产生逆时针转动效应的力矩取正值,反之取负值,如图 1-2 所示。

在平面问题中,力对点之矩只需考虑力矩的大小和转向,因此力矩是代数量。力矩的单位为 N·m 或 kN·m。

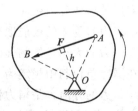

图 1-2　力对点的矩

五、力偶的概念

力偶和力是静力分析的两个基本要素。作用于刚体上大小相等、方向相反但不共线的两个力所组成的最简单的力系称为力偶,如图 1-3 (a) 所示。力偶能使刚体产生纯转动效应,而不能产生移动效应。如钳工用手动丝锥攻螺纹 [图 1-4 (a)]、汽车司机用双手转动方向盘 [图 1-4 (b)] 等,在丝锥、方向盘上都作用着等值、反向、作用线不在一条直线上的平行力,它们只能使物体发生单纯的转动。

力偶对刚体产生的转动效应,以力偶矩 M 来度量,记作

$$M = \pm Fd$$

式中,d 为两个力作用线之间的垂直距离,称为力偶臂。两力作用线所组成的平面称为

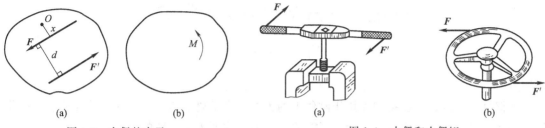

图 1-3　力偶的表示　　　　　图 1-4　力偶和力偶矩

力偶的作用面。规定：力偶使刚体作逆时针方向转动，力偶矩取正值，反之取负值。对于平面力偶而言，力偶矩 M 可认为是代数量，其绝对值等于力的大小与力偶臂的乘积。力偶矩的单位为 N·m 或 kN·m。衡量力偶转动效应的三个要素是：力偶矩的大小、力偶的转向和力偶的作用面。

平面力偶除了用力和力偶臂表示以外，也可以用一带箭头的弧线表示，M 表示力偶矩的大小，箭头表示力偶矩的转向，如图 1-3（b）所示。

力偶具有如下性质。

① 力偶不能合成为一个力。力偶不能用一个力来代替，也不能用一个力来平衡，只能用反向的力偶来平衡。

② 力偶对其所在平面内任一点的力矩都等于一个常量，其值等于力偶矩本身的大小，而与矩心的位置无关。

在图 1-3（a）所示力偶平面内任取一点 O 为矩心。设 O 点与力 F 的垂直距离为 x，则力偶的两个力对于 O 点的矩之和为

$$-Fx+F'(x+d)=-Fx+F(x+d)=Fd$$

由此可知，力偶对于刚体的转动效应完全决定于力偶矩，而与矩心位置无关。

课题二　静力分析基本公理

静力分析基本公理是人类在长期生活和生产实践中积累经验的总结，又经过实践的反复检验，证明是符合客观实际的普遍规律而建立的基础理论。

一、二力平衡公理

作用在同一刚体上的两个力，使刚体保持平衡的必要与充分条件是：这两个力大小相等，方向相反，作用在同一条直线上。

工程中经常遇到不计自重、只受两个力作用而平衡的构件，称为二力构件，当构件为杆状时，又习惯称为二力杆。根据二力平衡公理，作用于二力构件（二力杆）上的这两个力的作用线必定沿着两个力作用点的连线，且大小相等，方向相反。

需要指出的是，上述平衡条件只适用于刚体。对于变形体，上述条件是必要的，但不是充分的。例如图 1-5 所示的绳索，当承受大小相等、方向相反的拉力时可以平衡［图 1-5（a）］；但当承受大小相等、方向相反的压力时，则不能保持平衡［图 1-5（b）］。

二、加减平衡力系公理

在刚体上作用有某一力系时，若再加上或减去一个平衡力系，并不改变原力系对刚体的

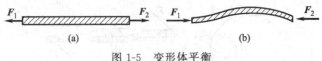

图 1-5 变形体平衡

作用效应。

根据这一公理，可以得到作用于刚体上的力的一个重要性质——力的可传性原理，即作用于刚体上的力，可以沿着其作用线任意移动，而不改变力对刚体的作用效应。

设作用于小车上 A 点的力为 F，如图 1-6（a）所示。

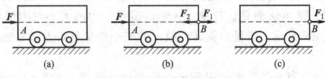

图 1-6 力的可传性原理

在力的作用线上任取一点 B，在 B 点沿力 F 的作用线加上一对相互平衡的力 F_1 和 F_2，且令其大小都等于 F，这样并不改变原来的力 F 对小车的效应。由 F、F_1、F_2 组成的力系中，F 与 F_2 也是一个平衡力系。若将这两个力从图 1-6（b）中减去，得到图 1-6（c）所示状态，同样不改变力 F_1 对小车的效应。于是可知 F_1 与 F 对小车的效应相同，即 F_1 与 F 具有相同的作用线、相同的大小和相同的方向。这就相当于把作用于 A 点的力 F 沿着作用线移到了任取的一点 B。

三、作用与反作用公理

两物体之间相互作用的力，总是同时存在，两者大小相等、方向相反、沿同一条直线，分别作用在两个物体上。

该公理表明，两个物体之间所发生的机械作用一定是相互的，即作用力与反作用力必须同时成对出现，同时存在也同时消失。这种物体之间的相互作用力关系是分析物体受力时必须遵循的原则，它为研究由一个物体过渡到多个物体组成的物体系统问题提供了基础。

四、力的平行四边形公理

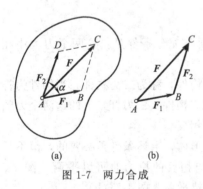

图 1-7 两力合成

作用于刚体上某点 A（或作用线交于 A 点）的两个力 F_1、F_2，可以合成为一个力，这个力称为 F_1 和 F_2 的合力。合力的大小、方向、作用线由以这两个力为邻边所组成的平行四边形的对角线来确定。

设在刚体上某点 A 作用有 F_1、F_2 两个力，如图 1-7（a）所示，则其合力 F 的大小、方向是以 F_1、F_2 为邻边作出的平行四边形的对角线来表示。用矢量式表示为

$$F = F_1 + F_2$$

即合力 F 等于 F_1 和 F_2 两个分力的矢量和。

力的平行四边形的作图法，可用更简单的作图法代替，如图 1-7（b）所示。只要以力矢量 F_1 的终点 B，作为力矢量 F_2 的起点，连接 F_1 的起点 A 与 F_2 的终点 C，即代表合力

F。三角形 ABC 称为力三角形。用力三角形求合力的方法称为力三角形法则。如果先作 F_2，再作 F_1，则并不影响合力的大小和方向。

五、三力平衡汇交定理

作用于刚体上的三个不平行的力，如果使刚体处于平衡，则这三个力的作用线必定在同一平面内，且汇交于一点。

此定理很容易证明。设作用在刚体上同一平面内有三个力 F_1、F_2、F_3，如图 1-8 所示。力 F_1 和 F_2 的作用线相交于 B 点。根据力的可传性原理，将 F_1 和 F_2 分别沿作用线移到 B 点，将两个力合成，其合力 F 必通过两力的交点，并在两力所作用的平面上。这时，在刚体上就可看成受 F 和 F_3 两个力作用，当刚体处于平衡时，此二力必等值、反向、共线。既然 F 通过 B 点，则 F_3 也必通过 B 点，亦即 F_1、F_2、F_3 三个力的作用线位于同一平面而且汇交于 B 点。

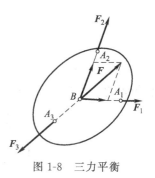

图 1-8　三力平衡

课题三　约束与约束反力

对物体的运动起限制作用的其他物体，称为该物体的约束。如吊车钢索上悬挂的重物，钢索是重物的约束；搁置在墙上的屋架，墙是屋架的约束，等等，这些约束分别阻碍了被约束物体沿着某些方向的运动。约束作用于被约束物体上的力称为约束反力。约束反力属于被动力，是未知的力，它的方向总是与物体的运动趋势方向相反，作用在约束与被约束物体的接触点上。

在静力分析中，主动力往往都是已知的力，因此，对约束反力的分析就成为物体受力分析的重点。工程实践中，物体间的连接方式是很复杂的，为了分析和解决实际计算问题，必须将物体间各种复杂的连接方式抽象为几种典型的约束类型。下面介绍几种常见的约束类型，指出如何判断约束反力的某些特征。

一、柔体约束

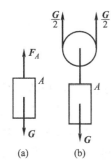

图 1-9　钢绳吊起钻杆

绳索、胶带、链条等柔性体都属于这类约束。由于柔体约束只限制物体沿着柔体伸长方向的运动，承受拉力，不能承受压力或弯曲，所以柔体的约束反力必定是沿着柔体的中心线且背离被约束物体的拉力。如图 1-9（a）钢绳吊起钻杆，钢绳对钻杆的约束反力为 F_A。

在工程实际中，对于柔体约束，还要根据不同的工作原理，结合工程实际，进行具体分析，以便正确地判断柔体的约束反力。下面分为三种情况来分析：

一是滑轮，如图 1-9（b）所示，绳索和滑轮之间光滑无摩擦，滑轮两侧绳索的拉力相等，皆为 $\dfrac{G}{2}$。

二是带轮，如图 1-10 所示，胶带和带轮之间是依靠摩擦来传递运动的。分析带轮 A 两侧的约束反力时，都是拉力，但大小不等。在安装带时，胶带中有一个初拉力 F_0。带轮旋转后,紧边拉力为 $F_1 > F_0$,松边拉力为 $F_2 < F_0$,但 $F_2 > 0$ 仍为拉力,而不是压力。当 $F_2 \leqslant 0$ 时,胶带将打滑不能传递运动。

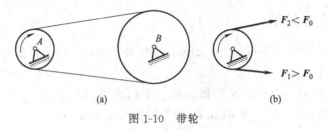

图 1-10 带轮

三是链轮,如图 1-11 所示自行车链条和链轮之间是依靠啮合来传递动力和运动的,啮合拉紧的一边为拉力,脱离啮合的一边放松不受力,如图 1-11(b)所示。

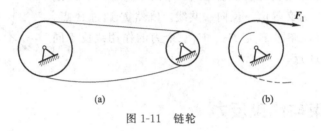

图 1-11 链轮

二、光滑接触面约束

当表面非常光滑(摩擦可以忽略不计)的平面或曲面构成对物体运动限制时,称为光滑接触面约束。这类约束不限制物体沿约束表面切线方向及脱离支承面的任何方向的位移,但沿接触面法线向支承面内的位移受到了限制。因此,光滑接触面约束的约束反力通过接触点沿着公法线方向并指向被约束物体,为压力,常用 F_N 来表示,如图 1-12 所示。

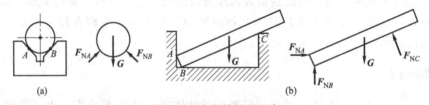

图 1-12 光滑接触面约束

三、光滑圆柱铰链约束

图 1-13 中两个构件 A、B 的连接是通过圆柱销钉 C 或圆柱形轴来实现的,这种使构件只能绕销轴转动的约束称为圆柱铰链约束。这类约束能够限制构件沿垂直于销钉轴线方向的相对位移。若将销钉和销孔间的摩擦略去不计而视为光滑接触,则这类铰链约束称为光滑铰链约束。若构成铰链约束的两个构件都是可以运动的,这种约束称为中间铰链约束,简图表示为图 1-13(b)。

由于销钉和销孔之间看成光滑接触,根据光滑接触面约束反力的特点,销钉对构件的约束反力应沿着接触点处的公法线方向,且通过销孔的中心[图 1-14(a)]。但接触点的位置不能预先确定,它随着构件的受力情况而变化。为计算方便,约束反力通常用经过构件销孔

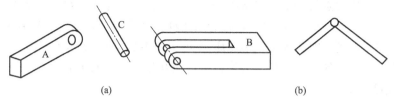

(a) (b)

图 1-13 中间铰链约束

中心 O 点的两个正交分力 F_x 和 F_y 来表示，如图 1-14（b）所示。

四、铰链支座约束

1. 固定铰链支座

用圆柱铰链连接的两个构件，如果其中一个固结于基础或机器上，则该约束称为固定铰链支座，简称固定铰链或固定支座，如图 1-15（a）所示。其简图如图 1-15（b）所示。固定铰链支座的约束反力的方向有时可以确定，有时不能确定，当不能确定时，仍表示为正交的两个分力 F_{Ax} 和 F_{Ay} ［图 1-15（c）］。

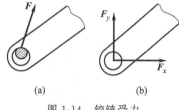

(a) (b)

图 1-14 铰链受力

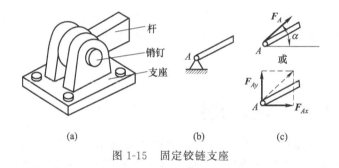

(a) (b) (c)

图 1-15 固定铰链支座

当中间铰链或固定铰链约束的两构件中有二力构件时，二力构件其约束反力满足二力平衡条件，方向是确定的，沿两约束反力作用点的连线。

如图 1-16（a）所示结构，AB 杆中点作用力 F，杆 AB、BC 不计自重。BC 杆为二力杆，B、C 两端为中间铰链和固定铰链约束，约束反力的方位不能任意假设，只能沿 B、C 两点的连线，见图 1-16（b）。

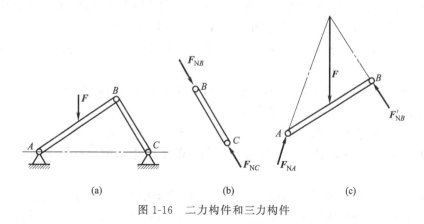

(a) (b) (c)

图 1-16 二力构件和三力构件

杆 AB 在 A、B 两点受力并受主动力 F 作用，是三力构件，符合三力平衡汇交定理，其受力图如图 1-16（c）所示。在画 BC 杆和 AB 杆受力图时应注意，中间铰链 B 必须按作用与反作用公理画其受力图。固定铰链支座 A 可用图 1-16（c）所示的三力平衡汇交定理确定约束反力的方位，力的指向可任意假设，也可用互相垂直的两个分力表示。

2. 活动铰链支座

如果将铰链支座用几个辊轴或滚柱支承在光滑面上，这种约束称为活动铰链支座约束，又称辊轴约束，如图 1-17（a）所示，常用于桥梁、屋架等结构中。其简图如图 1-17（b）所示。

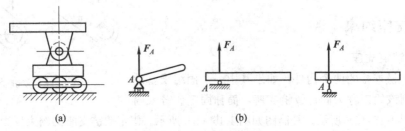

图 1-17 活动铰链支座

这类支座不能限制被约束物体沿光滑支承面移动，只能限制构件沿垂直于支承面方向移动，因而活动铰链支座约束反力的方位垂直于支承面且过销孔中心，指向被约束物体，如图 1-17（b）所示。

课题四　受力分析与受力图

在解决工程实际问题时，一般都需要分析物体受到哪些力作用，即对物体进行受力分析，受力分析时所研究的物体称为研究对象。为了把研究对象的受力情况清晰表示出来，必须将所确定的研究对象从周围物体中分离出来，单独画出简图，然后将其他物体对它作用的所有主动力和约束力全部表示出来，这样的图称为受力图或分离体图。具体步骤如下。

① 根据题意选择合适的研究对象，它可以是一个物体，也可以是几个物体的组合，或者是整个物体系统。

② 根据外加载荷以及研究对象与周围物体的接触联系，在分离体图上画出主动力和约束反力。画约束反力时要根据约束类型和性质画出相应的约束反力的作用位置和作用方向。

③ 在物体受力分析时，应根据静力分析基础公理和力的性质，如二力平衡公理、三力平衡汇交定理、作用与反作用公理以及力偶平衡的性质等，来正确判断约束反力的作用位置和作用方向。

画受力图是对物体进行力学计算的重要基础，也是取得正确解答的第一关键问题。如果受力图画错了，必将导致分析和计算的错误。

【例 1-1】 水平梁 AB 两端用固定支座 A 和活动支座 B 支承，如图 1-18（a）所示，梁在中点 C 处承受一斜向集中力 F，与梁成 α 角，若不考虑梁的自重，试画出梁 AB 的受力图。

解　取梁 AB 为研究对象。作用于梁上的力 F 为集中力，B 端是活动支座，它的支座反力 F_B 垂直于支承面铅垂向上，A 端是固定支座，约束反力用通过 A 点互相垂直的两个

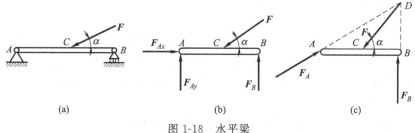

图 1-18 水平梁

正交分力 F_{Ax} 和 F_{Ay} 表示。受力图如图 1-18（b）所示。

梁 AB 的受力图还可以画成图 1-18（c）所示的形式。根据三力平衡汇交定理，已知力 F 与 F_B 相交于 D 点，则其余一力 F_A 也必交于 D 点，从而确定约束反力 F_A 沿 A、D 两点连线。

【例 1-2】 如图 1-19（a）所示的结构，由 AB 和 CD 两杆铰接而成，在 AB 杆上作用有载荷 F。设各杆自重不计，α 角已知，试分别画出 AB 和 CD 杆的受力图。

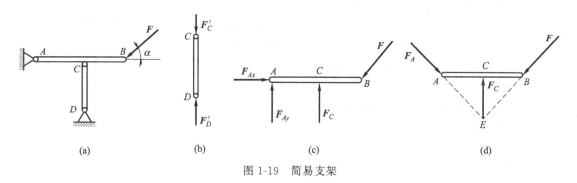

图 1-19 简易支架

解 首先分析 CD 杆的受力情况。由于 CD 杆自重不计，只有 C、D 两铰链处受力，因此，CD 杆为二力杆。在 C、D 处分别受 F'_C 和 F'_D 两力作用，根据二力平衡条件，$F'_C = F'_D$。

然后取 AB 杆为研究对象。AB 杆自重不计，AB 杆在主动力 F 作用下，有绕铰链 A 转动的趋势，但在 C 点处有 CD 杆支承，给 CD 杆的作用力为 F'_C。根据作用与反作用公理，给 AB 杆的反作用力 F_C，$F_C = F'_C$。杆 AB 在 A 处为固定铰链支座，约束反力用两个正交分力 F_{Ax} 和 F_{Ay} 表示，如图 1-19（c）所示。也可采用下述方法进行受力分析。由于 AB 杆在 F、F_C 和 F_A 三力作用下平衡，根据三力平衡汇交定理，F 和 F_C 二力作用线的交点为 E，F_A 的作用线也必通过 E 点，从而确定了铰链 A 的约束反力，如图 1-19（d）所示。

习 题

一、判断题

1. 刚体是指非常硬的物体。　　　　　　　　　　　　　　　　　　　　　　　　（　　）
2. 物体在两个等值、反向、共线力的作用下一定处于平衡状态。　　　　　　　　（　　）

3. 如果刚体在某个平衡力系作用下处于平衡，那么再加上一个平衡力系，该刚体仍处于平衡状态。( )

4. 二力平衡公理、加减平衡力系公理和力的可传性原理仅适用于一个刚体。( )

5. 只受两个力作用而平衡的构件称为二力构件。由于二力杆的两个力必沿这两个力作用点的连线，所以二力杆不一定是直杆，也可以是曲杆或其他刚性构件。( )

6. 分力一定小于合力。( )

7. 作用与反作用公理无论对刚体或变形体都是适用的。( )

8. 力偶无合力，它既不能与一个力等效，也不能用一个力来平衡。因此，通常将力与力偶同时看作力系的两个基本元素。( )

9. 力偶对其作用面内任一点的力矩恒等于该力偶的力偶矩，而与矩心位置无关。( )

10. 当受约束的物体在某些主动力的作用下处于平衡时，若将部分或全部约束撤去，代之以相应的约束反力，则物体平衡不受影响。( )

二、选择题

1. 下述公理中，只适用于刚体的是_____。

　　A. 二力平衡公理　　　　B. 力的平行四边形公理　　　　C. 作用与反作用公理

2. 一刚体受两个作用在同一直线上指向相反的力 F_1 和 F_2 的作用，它们之间的大小关系为 $F_1 = 2F_2$，则这两个力的合力 R 的矢量表达式为_____。

　　A. $R = F_1 - F_2$　　　　B. $R = F_2$　　　　C. $R = F_1 + F_2$

3. 一力对某点的力矩不为零的条件是_____。

　　A. 作用力不等于零

　　B. 力臂不为零

　　C. 作用力和力臂均不为零

4. 一个力矩的矩心位置发生变化，一定会使_____。

　　A. 力矩的大小改变，正负不变

　　B. 力矩的大小和正负都可能改变

　　C. 力矩的大小不变，正负改变

5. 力对刚体的作用效果取决于_____。

　　A. 力的大小

　　B. 力的大小和方向

　　C. 力的大小、方向和作用线

6. 在一条绳索中间挂一很小的重物，两手拉紧绳索两端，若不计绳索自重并不考虑绳索被拉断，在水平方向上_____。

　　A. 绳索能拉成水平直线

　　B. 绳索不可能拉成水平直线

　　C. 可能拉成水平直线，也可能拉不直，主要看拉力大小

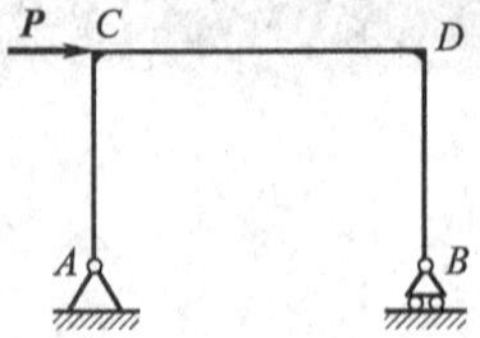

7. 如图 1-20 所示，刚架在 C 点受水平力 P 作用，则支座 A 的约束反力的方向应_____。

　　A. 沿水平方向　　　　B. 沿铅垂方向

　　C. 沿 AD 连线

图 1-20　题二、7、8 图

8. 如图 1-20 所示，将力 F 沿其作用线由 C 点移到 D 点，则 A、B 两支座处的约束反力_____。

   A. 只有 A 处反力不变　　　B. 只有 B 处反力不变　　　C. 都不改变

9. 如图 1-21 所示，将力 F 沿其作用线由 D 点移到 E 点，则 A、B、C 三铰处的约束反力_____。

   A. 只有 C 处反力不变　　　B. 都不改变　　　　　　　　C. 都会改变

10. 如图 1-22 所示，作用在直角弯杆 B 端的力偶（F，F'）的力偶矩为 M，该力偶对 A 点的矩_____。

    A. 与结构尺寸 a、b 有关

    B. 与结构尺寸 a、b 无关

    C. 仅与尺寸 a 有关

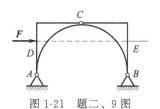

图 1-21　题二、9 图

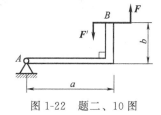

图 1-22　题二、10 图

三、作图题

1. 画出图 1-23 中 AB 杆的受力图。物体的重力除标出者外均忽略不计。

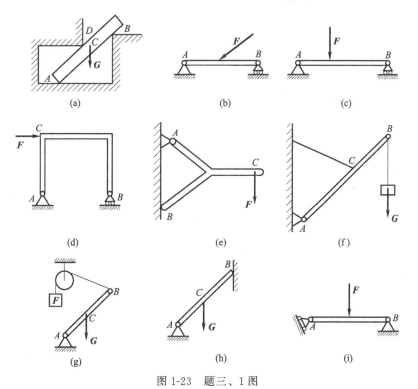

图 1-23　题三、1 图

2. 画出图 1-24 中各组成构件的受力图。

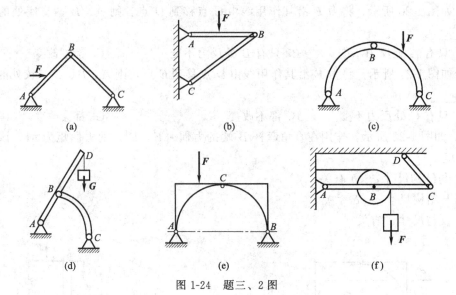

图 1-24 题三、2 图

单元二 平面基本力系

作用在物体上各个力的作用线若都处于同一平面内,则这些力所组成的力系称为平面力系。本单元只讨论平面力系中的两种最基本的力系:平面汇交力系和平面力偶系。

平面力系中所有力的作用线均汇交于一点时,称为平面汇交力系。例如图 2-1 所示的起重机吊钩,在吊起主轴时,吊钩上所受的力都在同一平面内,且汇交于 C 点,即组成一个平面汇交力系。

作用于刚体上同一平面内的若干个力偶,称为平面力偶系。如图 2-2 所示的汽车发动机汽缸盖,用多轴钻床同时钻孔时,作用在汽缸盖上的力为平面力偶系。

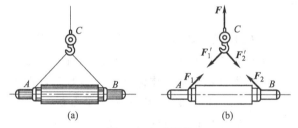

图 2-1 起重吊钩

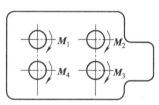

图 2-2 多轴钻床

课题一 平面汇交力系合成与平衡的几何法

一、平面汇交力系合成的几何法

设在物体上的 O 点作用有 F_1、F_2、F_3 和 F_4 组成的一个平面汇交力系,若 $F_1=F_2=100\text{N}$,$F_3=150\text{N}$,$F_4=200\text{N}$,各力的方向如图 2-3(a)所示,求合力 F_Σ 的大小和方向。

解 选一比例尺,应用力三角形法则,先将 F_1、F_2 合成合力 F_{R1},如图 2-3(b)所示,再把 F_{R1} 与 F_3 合成合力 F_{R2},最后将力 F_{R2} 和 F_4 合成合力 F_Σ,即 F_1、F_2、F_3 和 F_4 所组成的汇交力系的合力。用比例尺量得 $F_\Sigma=170\text{N}$,用量角器量得 $\theta=54°$。

实际作图时,不必画出虚线所示的 F_{R1}、F_{R2},而可直接依次作矢量 $\overline{AB}$、$\overline{BC}$、$\overline{CD}$、$\overline{DE}$ 分别代表 F_1、F_2、F_3、F_4 作出一个力多边形。最后从 F_1 力的始端 A 点连接 F_4 力的末端 E 得矢量 $\overline{AE}$,这个力多边形的封闭边 $\overline{AE}$ 就是合力 F_Σ。这种求合力的方法,称为力多边形法则。

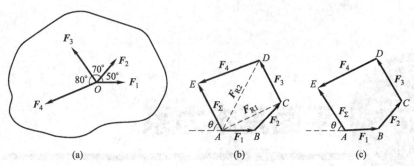

图 2-3 平面汇交力系的合成

应该指出，由于力系中各力的大小和方向已经给定，画力多边形时，可以改变力的次序，只改变力多边形的形状，而不影响所得合力的大小和方向。但应注意，各分力矢量必须首尾相接，各分力箭头沿力多边形一致方向绕行。而合力的指向应从第一个力矢量的起点指向最后一个力矢量的终点，形成力多边形的封闭边。

上述方法可以推广到若干个汇交力的合成。由此可知，平面汇交力系合成的结果是一个合力，它等于原力系中各力的矢量和，合力的作用线通过各力的汇交点。这种关系可用矢量式表达为

$$F_\Sigma = F_1 + F_2 + F_3 + \cdots + F_n = \sum F_i$$

二、平面汇交力系平衡的几何条件

在图 2-3 中，平面汇交力系 F_1、F_2、F_3、F_4 已经合成为一个合力 F_Σ，即力 F_Σ 与原力系等效。若在该力系中另加一个力 F_5，使其与力 F_Σ 等值、反向、共线，则根据二力平衡公理可知，物体处于平衡状态，即 F_1、F_2、F_3、F_4、F_5 成为平衡力系（图 2-4）。如作出该力系的力多边形，将成为一个封闭的力多边形。即最后一个力的终点与第一个力的起点相重合，亦即该力系的合力为零。因此，平面汇交力系平衡的必要与充分条件为力系的合力等于零；其几何条件是：力系中各力所构成的力多边形自行

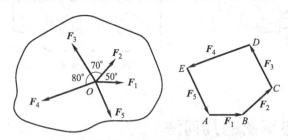

图 2-4 平面汇交力系平衡的几何条件

封闭。用矢量式表达为

$$F_\Sigma = 0 \text{ 或 } \sum F_i = 0$$

【例 2-1】 支架 ABC 由横杆 AB 与支承杆 BC 组成，如图 2-5（a）所示。A、B、C 处均为铰链连接，销钉轴 B 上悬挂重物，其重力 $G = 5\text{kN}$，杆重不计，试求两杆所受的力。

解 由于 AB、BC 杆自重不计，杆端为铰链，故均为二力杆件，两端所受力的作用线必通过直杆的轴线。

取销钉轴 B 为研究对象，其上除作用有重力 G 外，根据作用与反作用关系，还有 AB、BC 杆的约束反力 F_1、F_2，这三个力组成平面汇交力系，受力图如图 2-5（b）所示。当销钉轴平衡时，三力组成一封闭的力三角形，如图 2-5（c）所示。

由平衡几何关系求得

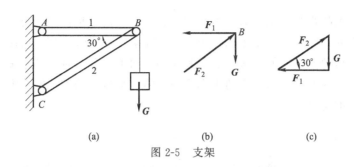

(a)   (b)   (c)

图 2-5 支架

$$F_1 = G\cot 30° = \sqrt{3}G = 8.66\text{kN}$$
$$F_2 = G/\sin 30° = 2G = 10\text{kN}$$

应用汇交力系平衡的几何条件求解的步骤如下。

① 根据题意，确定一物体为研究对象。通常是选既作用有已知力，又作用有未知力的物体。

② 分析该物体的受力情况，画出受力图。

③ 应用平衡几何条件，求出未知力。先作出封闭力多边形，然后根据几何关系求解。

课题二　平面汇交力系合成与平衡的解析法

一、力在坐标轴上的投影

为了应用解析法研究力系的合成与平衡问题，先引入力在坐标轴上投影的概念。

设力 F 作用于物体的 A 点 [图 2-6（a）]。在力 F 作用线所在的平面内取直角坐标系 Oxy，从 F 的两端 A 和 B 分别向 x 轴作垂线，得到垂足 a 和 b。线段 ab 是力 F 在 x 轴上的投影，用 F_x 表示。力在坐标轴上的投影是代数量，其正负号规定如下：若由 a 到 b 的方向与 x 轴的正方向一致时，力的投影取正值；反之，取负值。同样，从 A 点和 B 点分别向 y 轴作垂线，得到力 F 在 y 轴上的投影 F_y，即线段 $a'b'$。显然

$$\left. \begin{array}{l} F_x = F\cos\alpha \\ F_y = F\cos\beta = F\sin\alpha \end{array} \right\}$$

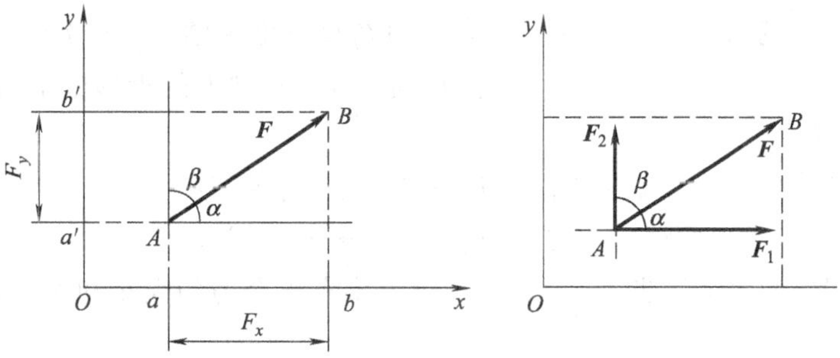

(a)   (b)

图 2-6 力的投影和分解

式中 α、β 分别是力 F 与 x、y 轴的夹角。如果把力 F 沿 x、y 轴分解，得到两个正交分力 F_1、F_2 [见图 2-6（b）]。

应当注意：力的投影与力的分力是不相同的，投影是代数量，而分力是矢量；投影无所谓作用点，而分力必须作用在原来力的作用点上；在确定投影时，都是按照从力的两个端点向投影轴作垂线，所得垂足之间的线段表示其大小，而确定分力时，都是按照力的平行四边形公理来确定分力的大小。只有在直角坐标系中，沿两个坐标轴方位的分力的大小，等于对应坐标轴上的投影的绝对值。

二、合力投影定理

设有一平面汇交力系，在求此力系合力时，所作出的力多边形为 $abcde$，如图 2-7 (a) 所示，在其平面内取直角坐标系 Oxy，从力多边形各顶点分别作 x 轴和 y 轴的垂线，求得分力 F_1、F_2、F_3、F_4 和合力 F_R 在 x 轴上的投影 F_{1x}、F_{2x}、F_{3x}、F_{4x} 和 F_{Rx}，在 y 轴上的投影为 F_{1y}、F_{2y}、F_{3y}、F_{4y} 和 F_{Ry}。从图上可见

$$F_{Rx}=F_{1x}+F_{2x}+F_{3x}+F_{4x}=\sum F_x$$
$$F_{Ry}=F_{1y}+F_{2y}+F_{3y}+F_{4y}=\sum F_y$$

上式说明，合力在任一轴上的投影，等于各分力在同一轴上投影的代数和。这就是合力投影定理。

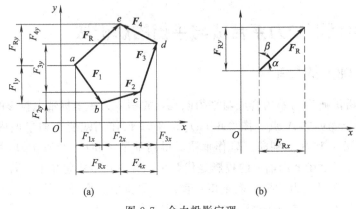

图 2-7 合力投影定理

三、平面汇交力系合成的解析法

设有平面汇交力系 F_1、F_2、…、F_n，各力在直角坐标轴 x、y 上的投影分别为 F_{1x}、F_{2x}、…、F_{nx} 及 F_{1y}、F_{2y}、…、F_{ny}，合力 F_R 在 x、y 轴上的投影分别为 F_{Rx}、F_{Ry}。根据合力投影定理有

$$F_{Rx}=F_{1x}+F_{2x}+F_{3x}+F_{4x}=\sum F_x$$
$$F_{Ry}=F_{1y}+F_{2y}+F_{3y}+F_{4y}=\sum F_y$$

知道了合力 F_R 的两个投影 F_{Rx}、F_{Ry}，就不难求出合力的大小和方向，见图 2-7 (b)。合力 F_R 的大小为

$$F_R=\sqrt{F_{Rx}^2+F_{Ry}^2}=\sqrt{(\sum F_x)^2+(\sum F_y)^2} \tag{2-1}$$

合力的方向可由方向余弦确定：设 F_R 与 x、y 轴正向的夹角分别为 α、β，则

$$\cos\alpha=\frac{F_{Rx}}{F_R}=\frac{\sum F_x}{F_R},\quad \cos\beta=\frac{F_{Ry}}{F_R}=\frac{\sum F_y}{F_R}$$

通常用合力 F_R 与 x 轴所夹锐角的正切来确定合力的方位，再基于 F_{Rx}、F_{Ry} 的正负，进一步确定合力的方向，比用方向余弦更为简便。

$$\tan\theta = \left|\frac{F_{Ry}}{F_{Rx}}\right| = \left|\frac{\sum F_y}{\sum F_x}\right|$$

【例 2-2】 如图 2-8 所示，在物体的 O 点作用有四个平面汇交力。已知 $F_1=100\text{N}$，$F_2=100\text{N}$，$F_3=150\text{N}$，$F_4=200\text{N}$，F_1 水平向右，试用解析法求其合力。

解 取直角坐标系 Oxy 如图 2-8（a）所示。根据图 2-3 所给的角度在图上标出各力与坐标轴的夹角，于是有

$$F_{Rx}=\sum F_x=F_1+F_2\cos50°-F_3\cos60°-F_4\cos20°$$
$$=(100+100\times0.6428-150\times0.5-200\times0.9397)\text{N}=-98.66\text{N}$$

$$F_{Ry}=\sum F_y=0+F_2\sin50°+F_3\sin60°-F_4\sin20°$$
$$=(100\times0.766+150\times0.866-200\times0.342)\text{N}=138.1\text{N}$$

从 F_{Rx}、F_{Ry} 的代数值可见，F_{Rx} 沿 x 轴的负向，F_{Ry} 沿 y 轴的正向，见图 2-8（b）。合力的大小为

$$F_R=\sqrt{F_{Rx}^2+F_{Ry}^2}=\sqrt{(-98.66)^2+(138.1)^2}\text{N}=169.7\text{N}$$

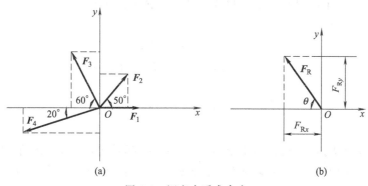

图 2-8 汇交力系求合力

确定合力的方向

$$\tan\theta=\left|\frac{F_{Ry}}{F_{Rx}}\right|=\frac{138.1}{98.66}=1.4$$

所以

$$\theta=54°28'$$

四、平面汇交力系的平衡方程

平面汇交力系平衡的充分和必要条件是力系的合力等于零。从式（2-1）可知，要使合力 $F_R=0$，必须是

$$\left.\begin{array}{l}\sum F_x=0\\ \sum F_y=0\end{array}\right\} \quad (2-2)$$

上式说明，力系中所有各力在每个坐标轴上投影的代数和都等于零。这就是平面汇交力系平衡的解析条件。式（2-2）称为平面汇交力系的平衡方程。这两个独立的方程可以求解两个未知量。

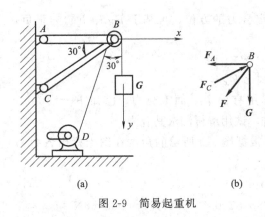

图 2-9 简易起重机

【例 2-3】 简易起重机装置如图 2-9 所示。重物 $G=20\text{kN}$ 用钢绳挂在支架的滑轮 B 上，钢绳的另一端接在绞车 D 上。若各杆的重量及滑轮的摩擦和半径均略去不计，求当重物处于平衡状态时拉杆 AB 及支杆 CB 所受的力。

解 (1) 取研究对象　钢绳和各杆所受的力都是通过销钉 B 作用的，重物的重力和钢绳的拉力都作用在滑轮 B 上，因滑轮半径不计，所有力可视为汇交于销钉 B 上，故以销钉 B 为研究对象。

(2) 画受力图　因 AB 和 CB 是不计重量的直杆，仅在杆的两端受力，均为二力杆，故它们的内力作用线必沿直杆的轴线方向，支杆 CB 的支反力 F_C 和拉杆 AB 的反力 F_A。重物的重力 G 和绞车钢绳的拉力 F（与 G 等值）均沿钢绳为拉力。

(3) 选取投影轴　取坐标轴 xBy [图 2-9 (a)]，这样一方面各力的投影都很容易求，另一方面把 x 轴取在一个未知力的作用线上，这个未知力在 y 轴上的投影便等于零，于是在 y 轴投影式的方程中就只有一个未知数，可不必解联立方程。

(4) 列平衡方程并求解

$$\sum F_y=0 \quad -F_C\cos60°+F\cos30°+G=0$$
$$\sum F_x=0 \quad F_C\cos30°-F_A-F\cos60°=0$$

解得

$$F_A=54.64\text{kN}$$
$$F_C=74.64\text{kN}$$

最后确定 F_A 和 F_C 的方向。由于求出的 F_A 和 F_C 都是正值，故原先假设的方向是正确的。注意到图中所画的力是滑轮受的力，根据作用与反作用公理，可知 BC 杆受压力，AB 杆受拉力。若解出的结果为负值，则说明力的实际方向与原假设的方向相反。

【例 2-4】 铰链四杆机构 $ABCD$，由三根不计重量的直杆组成，如图 2-10 (a) 所示。在销钉 B 上作用一力 F_1，销钉 C 上作用一力 F_2，方位如图所示。若 $F_1=100\text{N}$，求平衡力 F_2 的大小。

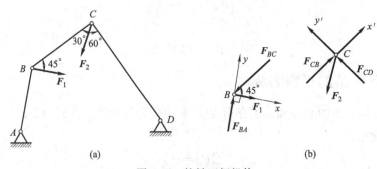

图 2-10 铰链四杆机构

解 (1) 取研究对象　由于未知力 F_2 作用在销钉 C 上，若先取 C 为研究对象，都是未知力，无法求解，故应先取作用有主动力的销钉 B 为研究对象，然后再取销钉 C 为研究对象。

(2) 画受力图　由题意可知，由于外力作用在销钉轴上，各杆重量不计，故各杆均为二力杆件。受力图如图 2-10（b）所示。

（3）选投影轴 如图 2-10（b）所示，将投影轴取在与未知力垂直的方向上，未知力在该轴上的投影等于零，一个方程只含一个未知力，可不解联立方程。

（4）列平衡方程并求解

销钉 B： $\quad \sum F_x=0 \quad F_1-F_{BC}\cos45°=0$

解得 $\quad F_{BC}=F_1/\cos45°=100/0.707=141.4\text{N}$

销钉 C： $\quad \sum F_{x'}=0 \quad F_{CB}-F_2\cos30°=0$

解得 $\quad F_{CB}=F_2\cos30°$

由于 $\quad F_{CB}=F_{BC}$

所以 $\quad F_2=F_{CB}/\cos30°=141.4/0.866=163.3\text{N}$

求得销钉轴 C 处的平衡力 $F_2=163.3\text{N}$。

课题三　平面力偶系

一、平面力偶系的合成

如果作用于刚体上的一群力偶具有共同的作用面，则称这一群力偶为平面力偶系。力偶既然没有合力，其作用效应完全取决于力偶矩，所以平面力偶系合成的结果是一个合力偶（证明从略）。设物体仅受平面力偶系 M_1、M_2、$\cdots$、M_n 的作用，其合力偶矩 M 等于力偶系中各力偶矩的代数和。即

$$M=M_1+M_2+M_3+\cdots+M_n=\sum M_i$$

二、平面力偶系的平衡条件

刚体上作用平面力偶系，如果力偶系中各力偶对刚体作用的外效应互相抵消，即合力偶矩等于零，则刚体处于平衡状态；反之亦然。因而得到平面力偶系平衡的必要与充分条件是力偶系中各力偶矩的代数和等于零。即

$$\sum M_i=0 \tag{2-3}$$

式（2-3）称为平面力偶系的平衡方程。

【例 2-5】 图 2-11（a）所示梁 AB 上作用一力偶，其力偶矩 $M=100\text{N}\cdot\text{m}$，梁长 $l=5\text{m}$，不计梁的自重，求 A、B 两支座的约束反力。

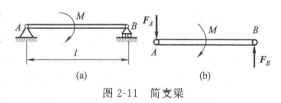

图 2-11　简支梁

解　取梁 AB 为研究对象。B 端为活动铰链支座，约束反力沿支承面公法线指向受力物体。由力偶性质可知，力偶只能与力偶平衡，因此 A、B 两端反力必组成力偶与 M 平衡，受力图如图 2-11（b）所示。列平衡方程

$$\sum M_i=0 \quad F_B l-M=0$$

得 $\quad F_A=F_B=\dfrac{M}{l}=20\text{N}$

【例 2-6】 减速器如图 2-12（a）所示。已知输入轴的力偶矩为 $M_1=1\text{kN}\cdot\text{m}$。输出轴

的力偶矩为 $M_2=2.5\text{kN}\cdot\text{m}$。$A$、$B$ 两处用螺栓固定。设 AB 间距离 $d=50\text{cm}$，箱体重量不计。试求螺栓 A、B 与支承面所受的力。

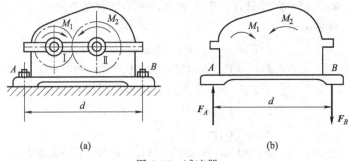

图 2-12 减速器

解 取减速器为研究对象。作用于减速器上有两个力偶，其力偶矩分别为 M_1 和 M_2，还受螺栓与支承面的约束反力 $\boldsymbol{F}_A$ 和 $\boldsymbol{F}_B$。按力偶的平衡条件，$\boldsymbol{F}_A$ 与 $\boldsymbol{F}_B$ 必组成一个力偶，即 $\boldsymbol{F}_A=-\boldsymbol{F}_B$，受力图如图 2-12（b）所示。这样减速器在三个力偶作用下处于平衡。

由于 $|M_2|>|M_1|$，可判断箱体有逆时针方向转动趋势，故地脚螺栓和地面给箱体的约束反作用力 $\boldsymbol{F}_A$ 和 $\boldsymbol{F}_B$ 组成一力偶必定是顺时针转向，以平衡 M_1 和 M_2 的合力偶。

由平面力偶系的平衡条件

$$\sum M_i=0 \quad M_2-M_1-F_A d=0$$

解得

$$F_A=F_B=\frac{M_2-M_1}{d}=\frac{2.5-1}{0.5}\text{kN}=3\text{kN}$$

根据作用与反作用公理可知，A 处支承面受压力，B 处螺栓受拉力，大小均为 3kN。

习 题

一、判断题

1. 作用于刚体上的各力作用线都汇交于一点的力系称为平面汇交力系。（ ）
2. 用几何法求平面汇交力系的合力的理论依据是力的平行四边形公理。（ ）
3. 力 $\boldsymbol{F}$ 在两个相互垂直的 x、y 轴方向上的分力和投影是没有区别的。（ ）
4. 如果两个力的大小相等，则它们在同一轴上的投影也一定相等。（ ）
5. 平面汇交力系的合力等于各力的矢量和，合力的作用线通过汇交点。（ ）
6. 若平面汇交力系的各力在任意两个互不平行轴上投影的代数和为零，则此力系一定平衡。（ ）
7. 已知作用于刚体上的所有力在某一轴上投影的代数和为零，则这些力的合力为零，刚体处于平衡状态。（ ）
8. 力与某轴平行时，若力的指向与坐标轴同向，则该力在坐标轴上的投影等于力的大小。（ ）

二、选择题

1. 同一平面内的三个力作用于刚体上，使刚体平衡的条件是平面内的三个力_____。

A. 作用线汇交于一点　　　B. 所构成的力三角形自行封闭　　　C. 作用线共线

2. 力与力偶对刚体的作用效果是_____。

A. 都能使刚体转动　　　B. 相同的　　　C. 不同的

3. 力 F 对 O 点之矩和力偶对于作用面内任一点之矩，它们与矩心位置的关系是_____。

A. 力 F 对 O 点之矩与矩心位置有关；力偶对于作用面内任一点之矩与矩心位置无关

B. 都与矩心位置有关

C. 都与矩心位置无关

4. 如图 2-13 所示的四个力，下列它们在 x 轴上的投影计算式中，_____是正确的。

A. $F_{1x} = -F_1 \sin\alpha_1$　　　B. $F_{2x} = -F_2 \cos\alpha_2$

C. $F_{3x} = -F_3 \sin\alpha_3$　　　D. $F_{4x} = F_4 \cos\alpha_4$

5. 图 2-14 所示的圆盘之所以处于平衡状态，是因为_____。

A. 力偶 M 与力 F 平衡

B. 力偶 M 与力 F 对圆心的力矩 $F \cdot r$ 等效

C. 支座 A 处的约束反力 F_A 与已知力 F 和力偶 M 组成一平衡力系

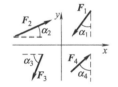

图 2-13　题二、4 图　　　　　　　　　　　图 2-14　题二、5 图

6. 图 2-15 所示三种情况中，若不计梁的自重，各力偶对 O 点的力偶矩和各力偶对 x、y 轴的投影分别是_____。

A. 各力偶对 O 点的力偶矩不同，但对 x、y 轴的投影相同

B. 各力偶对 O 点的力偶矩相同，但对 x、y 轴的投影不同

C. 各力偶对 O 点的力偶矩相同，对 x、y 轴的投影也相同

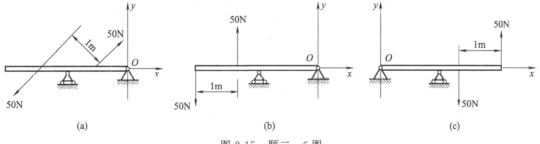

图 2-15　题二、6 图

三、计算题

1. 支架由 AB 与 AC 杆组成（杆重不计），A、B、C 三处均为铰链。A 点悬挂重物受重力 G 作用。试求图 2-16 中 AB 及 AC 杆所受的力。

2. 起重机构中 AB、CD 杆用铰链支承在可旋转的立柱上，如图 2-17 所示，并在 A 点

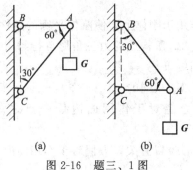

图 2-16 题三、1 图

用铰链相互连接。在 A 点装有滑轮，由绞车 D 引出钢索，经滑轮 A 吊起重物。如重物重力 $G=2$kN，滑轮的尺寸和各构件间的摩擦及重力均忽略不计。试求杆 AB、AC 所受的力。

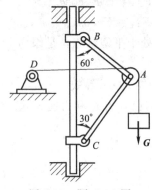

图 2-17 题三、2 图

3. 已知梁 AB 上作用一力偶，力偶矩为 M，梁长为 l。求图 2-18（a）、（b）、（c）三种情况下，支座 A 和 B 的约束反力。

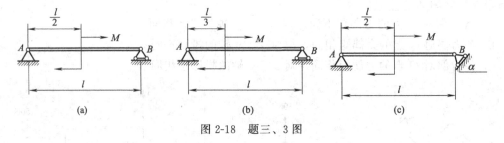

图 2-18 题三、3 图

单元三 平面任意力系

在工程实际中，经常遇到平面任意力系的问题，即作用在物体上的力都分布在同一平面内，或近似地分布在同一平面内，但它们的作用线是任意分布的。例如图 3-1 所示屋架的受力，其中 Q 为屋顶载荷，P 为风载，R_A 和 R_B 为约束力，这些力组成的力系即为平面任意力系。

当物体所受的力对称于某一平面时，也可以简化为平面力系的问题来研究。例如，图 3-2 所示均匀装载沿直线行驶的货车，如果不考虑路面不平引起的摇摆和侧滑，则其自重与货重之和 G、所受风阻力 F、地面对车轮的约束力（考虑摩擦之后）R_A、R_B 等便可作为平面任意力系来处理。

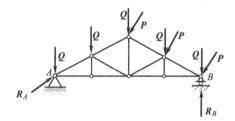

图 3-1 屋架

图 3-2 货车

课题一 力向一点平移

作用于刚体上的力，可以沿其作用线任意移动，而不改变刚体作用的外效应。但是，当力平行于原来的作用线移动时，便会改变对刚体的外效应。

如图 3-3（a）所示，作用在刚体 A 点的力 F_A，在刚体上任取一点 B，在新作用点 B 加上大小相等、方向相反且与力 F_A 平行的两个力 F_B 和 F'_B，如图 3-3（b）所示。根据加减平衡力系公理，力 F_A、F_B 和 F'_B 对刚体的作用与原力 F_A 对刚体的作用等效。在力系 F_A、F_B 和 F'_B 中，F_A 和 F'_B 组成一个力偶，用 M 表示，如图 3-3（c）所示。因此，作用于 A 点的力 F_A 平行移至 B 点后，变成一个力和一个力偶 M，其力偶矩等于 F_A 对 B 点之矩

$$M = M_B(F_A) = F_A d$$

式中，d 为力 F_A 对 B 点的力臂。

上述结果可以推广为一般结论，即作用在刚体上的力，可以平行移动到刚体内任意一点，但必须同时附加一个力偶，其力偶矩等于原来的力对新作用点之矩。

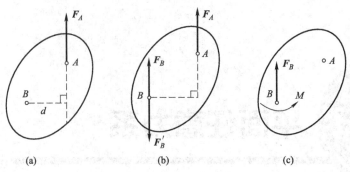

图 3-3 力向一点平移

力向一点平移的结果，很好地揭示了力对刚体作用的两种外效应。如将作用在静止的自由刚体某点上的力，向刚体的质心平移，所得到的力将使刚体平动；所得到的附加力偶则使刚体绕质心转动。对于非自由刚体，也有类似的情形。如图 3-4（a）所示，攻螺纹时，如果用一只手扳动扳手，则作用在扳手 AB 一端的力 F，与作用在点 C 的一个力 F' 和一个力偶 M 等效，见图 3-4（b）。力偶 M 使丝锥转动，而力 F' 却往往是丝锥弯曲或折断的主要原因。因此，钳工在攻螺纹时，切忌用单手操作，必须用两手握扳手，而且用力要相等。

此外，在平面内的一个力和一个力偶，可以用一个力来等效替换。

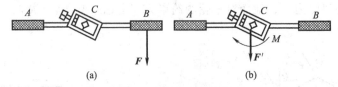

图 3-4 攻螺纹受力分析

课题二　平面任意力系的简化

设刚体上作用一平面任意力系 F_1、F_2、$\cdots$、F_n，在力系的作用面内任取一点 O，O 点称为简化中心，见图 3-5（a）。

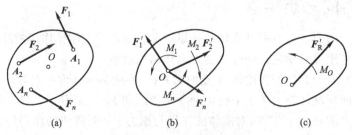

图 3-5 平面任意力系的简化

应用力向一点平移的方法，将力系中的每一个力向 O 点平移，得到一平面汇交力系和一平面力偶系，如图 3-5（b）所示。其中平面汇交力系中各个力的大小和方向，分别与原力系中对应的各个力相同，但作用线相互平行；而平面力偶系中各个力偶的力偶矩，分别等于原力系中各个力对简化中心的力矩。

$$F'_1=F_1, F'_2=F_2, \cdots, F'_n=F_n$$
$$M_1=M_O(\boldsymbol{F}_1), M_2=M_O(\boldsymbol{F}_2), \cdots, M_n=M_O(\boldsymbol{F}_n)$$

简化后的平面汇交力系和平面力偶系又可以合成一个合力和一个合力偶，如图 3-5（c）所示。其中 $\boldsymbol{F}'_R$ 为简化后平面汇交力系各力的矢量和。即

$$\boldsymbol{F}'_R = \sum_{i=1}^{n} \boldsymbol{F}'_i = \sum_{i=1}^{n} \boldsymbol{F}_i \tag{3-1}$$

$\boldsymbol{F}'_R$ 称为原力系的主矢。设 F'_{Rx} 和 F'_{Ry} 分别为主矢 $\boldsymbol{F}'_R$ 在 x、y 轴上的投影，根据汇交力系简化的结果，得到

$$F'_{Rx} = \sum_{i=1}^{n} F_{xi}, \quad F'_{Ry} = \sum_{i=1}^{n} F_{yi} \tag{3-2}$$

F_{xi} 和 F_{yi} 分别为力 $\boldsymbol{F}_i$ 在 x 和 y 轴上的投影。式（3-2）表示平面任意力系的主矢在 x、y 轴上的投影，等于力系中各个分力在 x、y 轴上投影的代数和。

根据式（3-2），很容易求得主矢 $\boldsymbol{F}'_R$ 的大小和方向。

$$\left. \begin{array}{l} F'_R = \sqrt{F'^2_{Rx} + F'^2_{Ry}} \\ \tan\theta = \dfrac{F'_{Ry}}{F'_{Rx}} \end{array} \right\} \tag{3-3}$$

式中，θ 为 $\boldsymbol{F}_R$ 与 x 轴所夹的锐角。

图 3-5（c）中所示之 M_O 为简化后平面力偶系的合力偶，其力偶矩为各个分力偶的力偶矩之和，它等于原力系中各个力对简化中心之矩的代数和，称之为原力系对简化中心的主矩。

$$M_O = \sum_{i=1}^{n} M_i = \sum_{i=1}^{n} M_O(\boldsymbol{F}_i) \tag{3-4}$$

综上所述，平面任意力系向作用面内任意一点 O 简化，一般可以得到一个力和一个力偶。该力作用于简化中心，其大小及方向等于原力系的主矢；该力偶之矩等于原力系对简化中心的主矩。

由于主矢 $\boldsymbol{F}'_R$ 只是原力系的矢量和，它完全取决于原力系中各力的大小和方向，因此，主矢与简化中心的位置无关；而主矩 M_O 等于原力系中各力对简化中心之矩的代数和，选择不同位置的简化中心，各力对它的力矩也将改变，因此，主矩与简化中心的位置有关，故主矩 M_O 右下方标注简化中心的符号。

必须指出，力系向一点简化的方法是适用于任何复杂力系的普遍方法。下面用力系向一点简化的结论来分析一种典型的约束——固定端约束。

固定端约束是工程中常见的一种约束。例如，夹紧在卡盘上的工件，固定在刀架上的车刀，插入地下的电线杆等（图 3-6），这些物体所受的约束都是固定端约束。图 3-7（a）所示为固定端约束的简化表示法。这种约束的特点是：限制物体受约束的一端既不能向任何方向移动，也不能转动。物体插入部分受的力分布比较复杂，但不管它们如何分布，当主动力为一平面力系时，这些约束反力也为平面力系，如图 3-7（b）所示。若将此力系向 A 点简化，则得到一约束反力 $\boldsymbol{F}_A$ 和一约束反力偶 M_A。约束反力 $\boldsymbol{F}_A$ 的方向预先无法判定，通常用互相垂直的两个分力 $\boldsymbol{F}_{Ax}$、$\boldsymbol{F}_{Ay}$ 表示；约束反力偶矩 M_A 的转向，通常假设逆时针转向，如图 3-7（c）所示。

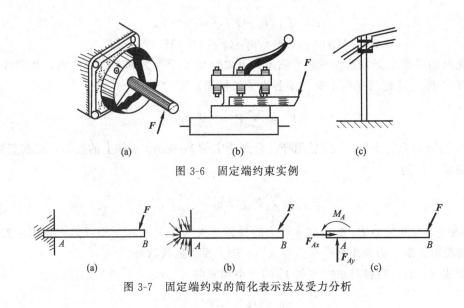

图 3-6 固定端约束实例

图 3-7 固定端约束的简化表示法及受力分析

课题三 平面任意力系简化结果分析 合力矩定理

一、简化结果分析

平面任意力系向任一点简化,其简化结果为一个作用线通过简化中心的主矢 F'_R 和一个主矩 M_O。由此可以看到,平面任意力系经过简化可能得到下面四种结果。

① $F'_R=0$,$M_O=0$,在这种情况下力系平衡。关于平衡问题,在后面还要进一步讨论。

② $F'_R\neq 0$,$M_O=0$,此时力系简化为一个力,即力系合成一个合力。此合力的作用线通过简化中心,合力的大小、方向由力系的主矢决定。

③ $F'_R=0$,$M_O\neq 0$,此时力系简化为一个力偶,即力系合成一个合力偶,其力偶矩等于原力系对简化中心的主矩。在这种情况下,力偶对其作用面内任一点的矩恒等于力偶矩,而与矩心的位置无关,即无论力系向哪一点简化都是一个力偶矩保持不变的力偶,而且力偶矩等于主矩。所以,当力系简化为一个力偶时,简化结果与简化中心的选择无关。

④ $F'_R\neq 0$,$M_O\neq 0$,此时力系简化为一个力和一个力偶。在这种情况下,根据力向一点平移的方法,这个力和力偶还可以继续合成为一个合力 F_R(图 3-8)。

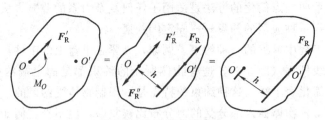

图 3-8 力系简化为合力

二、合力矩定理

平面任意力系的合力对平面内任意一点之矩,等于该力系中各个力对同一点之矩的代数和。这一结论称为平面任意力系的合力矩定理。

应用合力矩定理，有时可以使力对点之矩的计算更为简便。例如，为求图 3-9 中作用在支架上 C 点的力 F 对 A 点之矩，可以将力 F 沿水平和垂直方向分解为两个分力 F_x 和 F_y，然后由合力矩定理得

$$M_A(\boldsymbol{F}) = M_A(\boldsymbol{F}_x) + M_A(\boldsymbol{F}_y) = -(F\cos\alpha)b + (F\sin\alpha)a$$

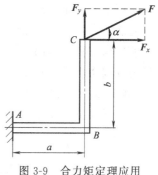

图 3-9　合力矩定理应用

课题四　平面任意力系的平衡方程及应用

根据平面任意力系向任一点简化的结果，如果作用在刚体上的平面力系的主矢和对于任一点的主矩不同时为零时，则力系可能合成一个力或一个力偶，这时的刚体不能保持平衡。

因此，要使刚体在平面任意力系作用下保持平衡，力系的主矢和对任意一点的主矩必须同时等于零。反之，当平面任意力系的主矢和主矩同时等于零时，力系一定平衡。所以，平面任意力系平衡的必要和充分条件是：力系的主矢和力系对于任意点的主矩同时等于零。即

$$F'_R = \sqrt{(\sum F_x)^2 + (\sum F_y)^2} = 0$$

$$M_O(\boldsymbol{F}_R) = \sum_{i=1}^{n} M_O(\boldsymbol{F}_i) = 0$$

此平衡条件用解析式表示为

$$\left.\begin{array}{l} \sum F_x = 0 \\ \sum F_y = 0 \\ \sum M_O(\boldsymbol{F}) = 0 \end{array}\right\} \quad (3\text{-}5)$$

式（3-5）称为平面任意力系的平衡方程，其中前两式称为投影方程，后一式称为力矩方程。于是，平面任意力系平衡的必要和充分条件是，力系的各个力在坐标系中各坐标轴上投影的代数和分别都等于零，以及力系的各个力对任意点力矩的代数和也等于零。

应该注意的是，坐标轴和简化中心（或矩心）是可以任意选取的。在应用平衡方程解题时，为使计算简化，通常将矩心选在两未知力的交点上；坐标轴则尽可能选取与该力系中多数未知力的作用线垂直，避免解联立方程。列力矩方程时 $\sum M_O(\boldsymbol{F}) = 0$ 可简写为 $\sum M_O = 0$。

式（3-5）是平面任意力系平衡方程的基本形式。除了上述基本形式外，平面任意力系的平衡方程还可以表示为其他形式，通常称它们为二力矩式和三力矩式。

（1）二力矩式

$$\left.\begin{array}{l} \sum F_x = 0 (\text{或} \sum F_y = 0) \\ \sum M_A = 0 \\ \sum M_B = 0 \end{array}\right\} \quad (3\text{-}6)$$

使用条件：A、B 两点连线不能与 x 轴（或 y 轴）垂直。

（2）三力矩式

$$\left.\begin{array}{l} \sum M_A = 0 \\ \sum M_B = 0 \\ \sum M_C = 0 \end{array}\right\} \quad (3\text{-}7)$$

使用条件：A、B、C 三点不能在同一直线上。

应该注意，不论选用哪种形式的平衡方程，对于同一平面力系来说，最多只能列出三个独立的平衡方程，因而只能求出三个未知量。选用力矩式方程，必须满足使用条件，否则所列平衡方程将不都是独立的。

【例 3-1】 承受均布载荷的三角架结构，其下部牢固地固定在基础内，因而可视为固定端，如图 3-10（a）所示。若已知：$P=200\text{N}$，$q=200\text{N/m}$，$a=2\text{m}$。求固定端的约束反力。

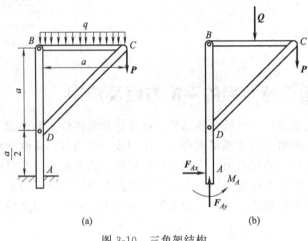

图 3-10 三角架结构

解 （1）选择研究对象、分析受力 以解除固定端约束后的三角架结构为研究对象，其上受有主动力 P、q，q 为分布载荷的集度，当考察平衡时，分布载荷可以用一集中力 $Q=qa$ 等效替代。除主动力外，固定端处还受有约束反力和约束反力偶。由于方向未知，用两个任意假设的正交分力 F_{Ax} 和 F_{Ay} 表示，约束反力偶假设为正方向，即逆时针方向。于是，隔离体受力图如图 3-10（b）所示。

（2）建立平衡方程并求解

$$\sum F_x = 0 \quad F_{Ax} = 0$$
$$\sum F_y = 0 \quad F_{Ay} - P - qa = 0$$
$$\sum M_A(\boldsymbol{F}) = 0 \quad M_A - Pa - qa\left(\frac{a}{2}\right) = 0$$

由此解得

$$F_{Ax} = 0$$
$$F_{Ay} = P + qa = 200 + 200 \times 2 = 600\text{N}$$
$$M_A = Pa + \frac{qa^2}{2} = 200 \times 2 + \frac{200 \times 2^2}{2} = 800\text{N} \cdot \text{m}$$

（3）结果验算 为验算上述结果的正确性，可验算作用在结构上的所有力对其平面内任意点之矩的代数和是否等于零。例如，对于 B 点：

$$\sum M_B(\boldsymbol{F}) = M_A + F_{Ax}\left(\frac{3a}{2}\right) - \frac{qa^2}{2} - Pa = Pa + \frac{qa^2}{2} + 0 - \frac{qa^2}{2} - Pa = 0$$

可见所得结果是正确的。

注意：求固定端的约束反力时，除了 F_{Ax}、F_{Ay} 之外，还有约束反力偶 M_A。

【例 3-2】 梁 AD 用三根连杆支承，受载如图 3-11（a）所示。已知 $P=20\text{kN}$，$Q=$

20kN，$M=30$kN·m，试求三根连杆的约束反力。

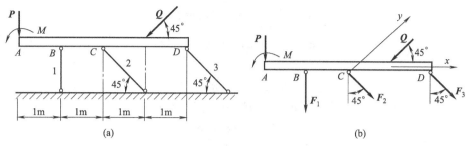

图 3-11 梁

解 （1）选择研究对象、分析受力 取梁 AD 为研究对象。三根连杆均为二力杆，设约束反力为 F_1、F_2 和 F_3。于是，梁的受力图如图 3-11（b）所示。

（2）列平衡方程 因 F_2 和 F_3 相互平行，所以，可选垂直于这两个力的 y 轴为投影轴，投影轴方程中只出现一个未知力 F_1。

$$\sum F_y = 0 \quad -P\cos 45° - F_1 \cos 45° - Q = 0$$
$$\sum M_C = 0 \quad M + P \times 2 + F_1 \times 1 - Q\sin 45° \times 1 - F_3 \cos 45° \times 2 = 0$$
$$\sum F_x = 0 \quad F_2 \sin 45° + F_3 \sin 45° - Q\sin 45° = 0$$

解得 $F_1 = -48.28$kN，$F_2 = 14.64$kN，$F_3 = 5.36$kN

从计算结果得出，连杆 1 的值为负，表示受压，而连杆 2、3 受拉。

（3）结果验算 为校核上述结果的正确性，验证 $\sum M_D = 0$ 是否成立。

$$\sum M_D = M + P \times 4 + F_1 \times 3 + F_2 \cos 45° \times 2 + Q\sin 45° \times 1$$
$$= 30 + 20 \times 4 - 48.28 \times 3 + 14.64\cos 45° \times 2 + 20\sin 45° = 0$$

可见上述结果是正确的。

【例 3-3】 图 3-12（a）为红旗牌 W-613 型铲车简图。起重架由固定铰链支座 O 和油缸 AB 支承，油缸用来调节起重架的位置。已知最大起重力 $W = 50$kN，尺寸如图 3-12（b）所示，单位为 mm，试求倾斜油缸活塞杆的拉力 F 以及支座 O 的反力。

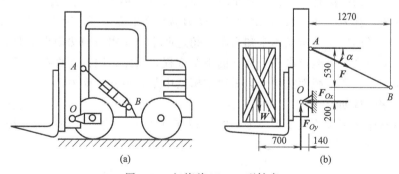

图 3-12 红旗牌 W-613 型铲车

解 取铲斗和重物为研究对象。倾斜油缸活塞杆简化为二力杆。画出分离体受力图如图 3-12（b）所示。铰链 O 为两个未知力的交点，可取为矩心，力矩方程中将只包含一个未知力 F。求出活塞杆拉力 F 后，再列出两个投影方程，可求出支座 O 的反力。平衡方程如下

$$\sum M_O = 0 \quad W \times 0.7 - F\cos\alpha \times (0.53+0.2) - F\sin\alpha \times 0.14 = 0$$

式中
$$\tan\alpha = \frac{530}{1270} = 0.417, \alpha = 22.65°$$
$$\sin\alpha = 0.385, \quad \cos\alpha = 0.923$$

代入数据，得
$$F = 48.1\text{kN}$$
$$\sum F_x = 0, F\cos\alpha - F_{Ox} = 0$$
$$F_{Ox} = 44.4\text{kN}$$
$$\sum F_y = 0, F_{Oy} - W - F\sin\alpha = 0$$
$$F_{Oy} = 68.5\text{kN}$$

为检查上述结果是否正确，验证 $\sum M_A(\boldsymbol{F}) = 0$ 是否满足：
$$\sum M_A = W \times 0.84 - F_{Ox} \times 0.73 - F_{Oy} \times 0.14 = 50 \times 0.84 - 44.4 \times 0.73 - 68.5 \times 0.14 = 0$$
可见，上述结果是正确的。

从以上例题可见，解题所用平衡方程是由一个力矩方程和两个投影方程组成，另取矩心列力矩方程来校核所得结果的正确性。

【例 3-4】 图 3-13（a）所示为一桥梁桁架简图。已知 $Q = 400\text{N}$，$P = 1200\text{N}$，$a = 4\text{m}$，$b = 3\text{m}$。求 1、2、3、4 杆所受的力。

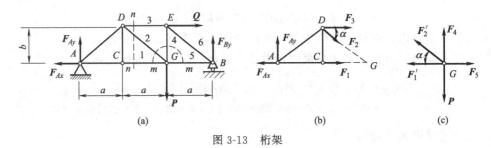

图 3-13　桁架

解　桁架中各杆的两端均为铰链约束，而且载荷均作用在铰接处（称为节点），故所有杆均为二力杆。

计算桁架内力的方法有两种：一种是取节点为对象，称为"节点法"；一种是截取桁架的一部分为对象，称为"截面法"。由于节点受力为平面汇交力系，有两个独立的平衡方程，因此，每次所选择的节点上所受的未知力不能超过两个。而用截面法截出桁架的一部分所受力系为平面任意力系，只能提供三个独立的平衡方程，因此，用截面将桁架截开时，所出现的未知量不应大于三个。截面法用于只需要求桁架中某几根杆的受力。

本例的解题过程如下。

（1）考虑整体平衡求约束反力　根据图 3-13（a）所示受力图，列平衡方程
$$\sum F_x = 0 \quad -F_{Ax} + Q = 0$$
$$\sum F_y = 0 \quad F_{Ay} + F_{By} - P = 0$$
$$\sum M_A(\boldsymbol{F}) = 0 \quad -P(2a) - Q(b) + F_{By}(3a) = 0$$

由此解得
$$F_{Ax} = Q = 400\text{N}$$
$$F_{By} = \frac{2Pa + Qb}{3a} = 900\text{N}$$

$$F_{Ay} = P - F_{By} = 300\text{N}$$

(2) 应用截面法求指定杆的受力　对于本例中的问题，因为只要求部分杆的受力，所以采用截面法更好些。先用 $n-n$ 截面从1、2、3杆处将桁架截开，假设各杆均受拉力。于是，以左部分桁架为研究对象的分离体受力图如图 3-13（b）所示。

取未知力交点为矩心，列二力矩式平衡方程

$$\sum F_y = 0, F_{Ay} - F_2 \sin\alpha = 0$$
$$\sum M_D(\boldsymbol{F}) = 0, F_1(b) - F_{Ax}(b) - F_{Ay}(a) = 0$$
$$\sum M_G(\boldsymbol{F}) = 0, -F_3(b) - F_{Ay}(2a) = 0$$

其中 $\sin\alpha = 3/5$。将 a、b 及 F_{Ax}、F_{Ay} 代入后，解得

$$F_1 = \frac{F_{Ax}b + F_{Ay}a}{b} = 800\text{N}$$

$$F_2 = \frac{F_{Ay}}{\sin\alpha} = 500\text{N}$$

$$F_3 = -\frac{2aF_{Ay}}{b} = -800\text{N}$$

其中负号表示 F_3 的实际方向与假设方向相反，而所设各杆均受拉力，故负号表示受压力。

为求 4 杆的受力，可用 $m-m$ 截面将 1、2、4、5 杆截开，考虑节点 G 处的受力，亦假设各杆均受拉。于是，节点 G 的受力图如图 3-13（c）所示。由 y 方向力投影的平衡方程有

$$\sum F_y = 0 \quad F_4 - P + F_2' \sin\alpha = 0$$

其中 $F_2' = F_2$。由此解得

$$F_4 = P - F_2 \sin\alpha = 900\text{N}（拉）$$

最后需要指出的是，求桁架杆受力的节点法和截面法是互相补充的。在桁架的受力计算中，一般采用节点法求得每根杆的受力，而截面法则可用以对某些杆受力进行校核。

课题五　刚体系统的平衡问题

前面所讨论的平衡问题仅限于单个刚体。在工程中常遇到几个刚体通过约束所组成的刚体系统的平衡问题。当刚体系统平衡时，组成刚体系统的每个刚体必然处于平衡状态。一般情况下，将刚体系统中所有单个刚体的独立平衡方程数相加，得到的刚体系统独立平衡方程的总数，若少于刚体系统未知量的总数时，属于静不定问题，若等于刚体系统未知量总数时，则属于静定问题。对静定刚体系统平衡问题，可选择整个系统为研究对象，也可选择其中几个或某单体刚体为研究对象。其选择原则是：能利用平衡方程确定某些未知量的部分，应先行考虑。此外，在选择平衡方程时，应尽可能避免联立方程。下面举例说明刚体系统平衡问题的求解方法。

【例 3-5】　图 3-14（a）为一三铰拱的示意图。所谓三铰拱，就是由 AC、BC 两部分用铰链 C 连接，并用铰链 A 与 B 固定于支座上。设拱本身的重量不计，拱上作用有力 $\boldsymbol{P}$ 及 $\boldsymbol{Q}$。求 A、B 支座处的约束反力以及 C 处两部分相互作用的力。

解　如果拱的两部分不用铰链连接，而为一整体，那么，仅根据拱的平衡方程，不能求解 A、B 两点约束反力的大小和方向，因为平面任意力系只能列三个独立平衡方程，能求解三个未知力，中间没有铰链的整体有四个未知力，属于静不定问题。现在，加上中间铰链

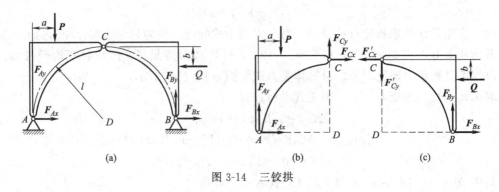

图 3-14 三铰拱

C 之后，可以分别考虑两部分列出六个平衡方程，正好可以求解 A、B、C 三点作用力的大小和方向，但需要解联立方程。

先取整个系统为研究对象，受力图如图 3-14（a）所示

$$\sum M_A(\boldsymbol{F})=0 \quad Q(l-b)-Pa+2F_{By}l=0 \tag{a}$$

从而解得

$$F_{By}=\frac{Pa-Q(l-b)}{2l}$$

$$\sum F_y=0 \quad F_{Ay}+F_{By}-P=0 \tag{b}$$

得

$$F_{Ay}=P-F_{By}=P-\frac{Pa-Q(l-b)}{2l}=\frac{P(2l-a)+Q(l-b)}{2l}$$

$$\sum F_x=0 \quad F_{Ax}+F_{Bx}-Q=0 \tag{c}$$

再取左半拱 AC 为研究对象，受力图如图 3-14（b）所示。

$$\sum M_C(\boldsymbol{F})=0 \quad P(l-a)+F_{Ax}l-F_{Ay}l=0 \tag{d}$$

得到

$$F_{Ax}=F_{Ay}-\frac{P(l-a)}{l}=\frac{Pa+Q(l-b)}{2l}$$

以此代入式（c），就得到

$$F_{Bx}=Q-F_{Ax}=\frac{Q(l+b)-Pa}{2l}$$

$$\sum F_x=0, F_{Ax}+F_{Cx}=0 \tag{e}$$

$$F_{Cx}=-F_{Ax}=-\frac{Pa+Q(l-b)}{2l}$$

$$\sum F_y=0 \quad F_{Ay}+F_{Cy}-P=0 \tag{f}$$

$$F_{Cy}=P-F_{Ay}=P-(P-F_{By})=F_{By}=\frac{Pa-Q(l-b)}{2l}$$

上述结果也可以用整个系统以及右半拱的六个方程来求解。

【例 3-6】 图 3-15（a）所示多跨梁，由 AB 梁和 BC 梁用中间铰 B 连接而成。C 端为固定端，A 端由活动铰支座支承。已知 $M=20\text{kN}\cdot\text{m}$，$q=15\text{kN/m}$。试求 A、B、C 三点的约束反力。

解 若取整体为研究对象，由于包括固定端约束和活动铰支座，无法求出某个未知力。

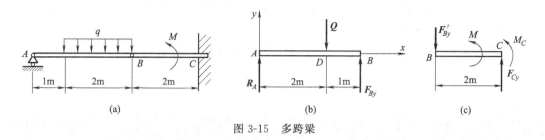

图 3-15 多跨梁

故应将梁拆开分别进行分析,并且先取未知力较少的梁为研究对象。

(1) 先取 AB 梁为研究对象,受力如图 3-15(b)所示,均布载荷 q 可用集中力 Q 表示。

$$\sum M_B(\boldsymbol{F})=0 \quad -3R_A+Q\times 1=0$$

解得
$$R_A=\frac{Q}{3}=10\text{kN}$$

$$\sum F_y=0 \quad R_A+F_{By}-Q=0$$

解得
$$F_{By}=Q-R_A=20\text{kN}$$

(2) 再取 BC 梁为研究对象,受力如图 3-15(c)所示,图中,F'_{By} 为 F_{By} 的反作用力,所以 $F'_{By}=F_{By}$。

$$\sum F_y=0 \quad F_{Cy}-F'_{By}=0$$

得到
$$F_{Cy}=F'_{By}=20\text{kN}$$

$$\sum M_B(\boldsymbol{F})=0 \quad M_C+M+2F_{Cy}=0$$

解得
$$M_C=-M-2F_{Cy}=-60\text{kN}\cdot\text{m}$$

负值表示 C 端约束反力偶的实际方向是顺时针。

本题还可先取 AB、再取整体为研究对象,得到同样的结果。

根据以上例题分析,现将刚体系平衡问题的解法及特点总结如下。

1. 正确选择研究对象

① 如果整个系统的外约束力未知数不超过三个,或者虽然超过三个,但考虑整体平衡可以求出某些未知约束力时,则先以整体为研究对象。

② 若整个系统的外约束力未知数超过三个,而且必须将系统拆开才能求出全部未知约束时,则一般先以受力最简单而且独立平衡方程的个数与未知力的个数相等的刚体或某些刚体为研究对象。

③ 当机构平衡时,求作用在机构上主动力的关系,通常按传动顺序将机构拆开,分别选为研究对象,通过求连接点的力,逐步求得主动力之间应满足的关系式。

2. 受力分析

① 首先从二力构件入手,可使受力图比较简单,有利于解题。

② 按照约束的性质,画出相应的约束反力,不画研究对象的内力。

③ 两物体间的相互作用力应符合作用与反作用规律。

3. 列平衡方程,求未知量

① 列平衡方程时,尽量避免在方程中出现不需要求的未知量。为此,选择两个未知力的交点为矩心列力矩方程,投影方程所选的坐标轴应与较多的未知力垂直。

② 解题时最好用文字符号进行运算，得到结果时再代入已知数据，这样可以避免由于数据运算引起的运算错误。

③ 求出未知量后，可再列一个平衡方程，将上述计算结果代入，检查结果的正确性。

习 题

一、判断题

1. 各力作用线任意分布的力系称为平面任意力系。（　　）
2. 平面任意力系简化的主要依据是力的平移定理。（　　）
3. 平面任意力系简化的结果是得到一个主矢和一主矩。（　　）
4. 某平面任意力系向 A、B 两点简化后，其主矩皆为零，即 $M_A = M_B = 0$，则此力系为平衡力系。（　　）
5. 某平面任意力系向点 A 简化的主矢为零，而向另一点 B 简化的主矩为零，则此力系必然是平衡力系。（　　）
6. 固定端约束的约束反力只有两个正交的分力。（　　）
7. 作用在一个刚体上的平面力系平衡时，最多可列出三个独立的平衡方程，故可解三个未知量。（　　）
8. 为了便于解题，列方程时，坐标轴最好与多数未知力平行或垂直，矩心最好取在未知力的交点上。（　　）

二、计算题

1. 一梁的支承及载荷如图 3-16 所示。已知 $P = 1.5\text{kN}$，$q = 0.5\text{kN/m}$，$M = 2\text{kN} \cdot \text{m}$，$a = 2\text{m}$。求支座 B、C 所受的力。

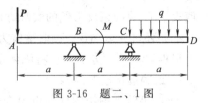

图 3-16　题二、1 图

2. 试求图 3-17 所示各梁的支座反力，已知 F、a，且 $M = Fa$。

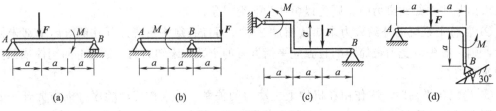

图 3-17　题二、2 图

3. 试求图 3-18 所示各梁的支座反力，已知 $F = qa$，$M = qa^2$。

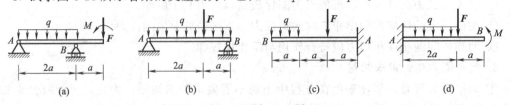

图 3-18　题二、3 图

4. 试求图 3-19 所示梁的支座反力。

5. 支架结构和载荷如图 3-20 所示，已知 $M=Ga$，杆件自重不计，求 A 及 BC 杆所受的力。

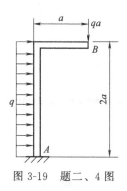

图 3-19 题二、4 图

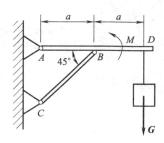

图 3-20 题二、5 图

6. 图 3-21 所示为汽车起重机平面简图。已知车重 $G_Q=26$kN，臂重 $G=4.5$kN，起重机旋转及固定部分的重量 $G_W=31$kN。试求图示位置汽车不致翻倒的最大起重量 G_P。

7. 试求图 3-22 所示多跨梁在 A、B、C、D 处的约束反力。已知：$M=6$kN·m，$q=1$kN/m，$a=2$m。

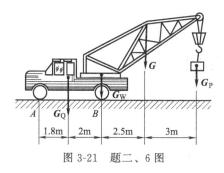

图 3-21 题二、6 图

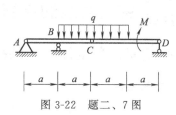

图 3-22 题二、7 图

8. 一梁由支座 A 以及 BE、CE、DE 三杆支承，如图 3-23 所示。已知 $q=0.5$kN/m，$a=2$m，求各杆内力。

9. 桥梁桁架受力如图 3-24 所示。若已知 $P=40$kN，$a=2$m，$h=3$m，求 1、2、3 杆的受力。

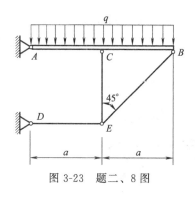

图 3-23 题二、8 图

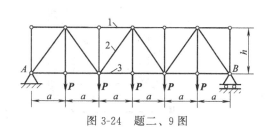

图 3-24 题二、9 图

单元四 空间力系

在工程实际中,经常遇到物体所受力的作用线不在同一平面内,而是空间分布的,这些力所构成的力系称为空间力系。

与平面力系一样,空间力系按各力作用线的分布情况,可分为空间汇交力系、空间平行力系与空间任意力系。本章将讨论力在空间直角坐标轴上的投影,力对轴之矩的概念与运算,以及空间力系平衡问题的求解方法,并由空间平行力系导出重心的概念及求重心位置的方法。

课题一 空间力系的平衡方程及应用

一、力在空间直角坐标轴上的投影

1. 直接投影法

如图 4-1 (a) 所示,若已知力 F 与 x、y、z 轴所夹锐角 α、β、γ,则力 F 在坐标轴上的投影为

$$\left. \begin{array}{l} F_x = \pm F\cos\alpha \\ F_y = \pm F\cos\beta \\ F_z = \pm F\cos\gamma \end{array} \right\} \tag{4-1}$$

分力 F_x、F_y、F_z 方向与相应坐标轴正向相同时取正号,反之取负号。

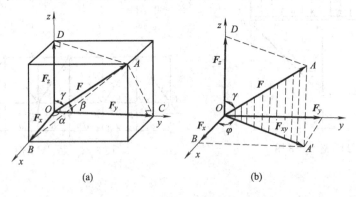

图 4-1 力在空间直角坐标轴上的投影

2. 二次投影法

当力与坐标轴的夹角不是全部已知时，可采用二次投影法。即先将力投影到某一坐标平面上得到一个投影，并将该投影定义成矢量，然后再将该矢量进一步投影到坐标轴上。如图 4-1（b）所示，若已知力 F 与 z 轴正向的夹角 γ，同时力 F 在 xOy 面上的投影 F_{xy} 与 x 轴正向的夹角 φ，则力 F 在各坐标轴上的投影为

$$F \Rightarrow \begin{cases} F_z = F\cos\gamma \\ F_{xy} = F\sin\gamma \end{cases} \Rightarrow \begin{cases} F_x = F_{xy}\cos\varphi = F\sin\gamma\cos\varphi \\ F_y = F_{xy}\sin\varphi = F\sin\gamma\sin\varphi \end{cases} \tag{4-2}$$

反过来，如果已知力 F 在 x、y、z 三个坐标轴上的投影 F_x、F_y、F_z，力 F 的大小和方向为

$$F = \sqrt{F_x^2 + F_y^2 + F_z^2} \tag{4-3}$$

$$\cos\alpha = \frac{F_x}{F}, \quad \cos\beta = \frac{F_y}{F}, \quad \cos\gamma = \frac{F_z}{F} \tag{4-4}$$

式中，α、β、γ 分别为 F 与坐标轴正向的夹角。

【例 4-1】 已知圆柱斜齿轮所受的总啮合力 $F = 1410\text{N}$，齿轮压力角 $\alpha = 20°$，螺旋角 $\beta = 25°$ [图 4-2（a）]。试计算齿轮所受的圆周力 F_t，轴向力 F_a 和径向力 F_r。

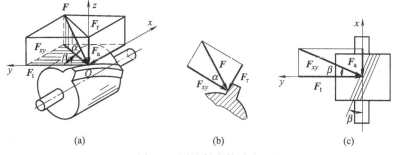

图 4-2 圆柱斜齿轮受力

解 取坐标系如图 4-2（a）所示，使 x、y、z 三个轴分别沿齿轮的轴向、圆周的切线方向和径向，先把总啮合力 F 向 z 轴和 Oxy 坐标平面投影 [图 4-2（b）]，得

$$F_z = F_r = -F\sin\alpha = -1410\sin 20° = -482\text{N}$$

力 F 在 Oxy 平面上的分力 F_{xy}，其大小为

$$F_{xy} = F\cos\alpha = 1410\cos 20° = 1325\text{N}$$

再把力 F_{xy} 投影到 x、y 轴 [图 4-2（c）]，得

$$F_x = F_a = -F_{xy}\sin\beta = -1325\sin 25° = -560\text{N}$$

$$F_y = F_t = -F_{xy}\cos\beta = -1325\cos 25° = -1200\text{N}$$

二、力对轴之矩

在工程中，常遇到刚体绕定轴转动的情况。为度量力对转动刚体的作用效应，引入力对轴之矩的概念。

以关门动作为例。图 4-3（a）中门的一边有固定轴 z，在 A 点作用一力 F，将该力分解为两个相互垂直的分力 F_z 和 F_{xy}，由经验可知，力 F_z 不能使门绕 z 轴转动，所以分力 F_z 对 z

轴之矩为零；只有分力 F_{xy} 才能使门绕 z 轴转动，即 F_{xy} 对 z 轴之矩就是力 F 对轴之矩。

设 d 为 z 轴与 xOy 平面的交点 O 到力 F_{xy} 作用线的垂直距离。则力 F 对 z 轴之矩为

$$M_z(F)=M_O(F_{xy})=\pm F_{xy}d \tag{4-5}$$

上式表明：力对轴之矩是代数量，其大小等于此力在垂直于该轴平面上的投影对该轴与此平面的交点之矩。其正负号可规定为：从 z 轴正向看，力矩沿逆时针方向转动为正，顺时针方向转动为负。也可按右手定则来确定其正负号：四指为力矩的转动方向，拇指与坐标轴一致为正，反之为负。当力的作用线与转轴平行或与转轴相交时，力对该轴之矩等于零。

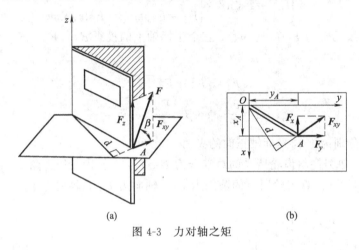

图 4-3 力对轴之矩

三、合力矩定理

合力矩定理在空间力系中仍然适用。

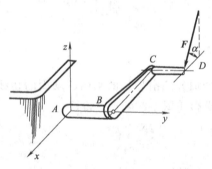

图 4-4 手摇曲柄

设有一空间力系 F_1、F_2、…、F_n，其合力为 F_R，则合力 F_R 对某轴之矩等于各分力对同轴力矩的代数和。即

$$M_z(F_R)=\sum M_z(F) \tag{4-6}$$

【例 4-2】 计算图 4-4 所示手摇曲柄上的力 F 对 x、y、z 轴之矩。已知 $F=100\text{N}$，$\alpha=60°$，$AB=200\text{mm}$，$BC=400\text{mm}$，$CD=150\text{mm}$，A、B、C、D 与 xAy 处于同一水平面上。

解 力 F 在 x、y、z 轴上分力大小为
$$F_x=F\cos\alpha,\ F_y=0,\ F_z=F\sin\alpha$$

F 对 x、y、z 轴的力矩为

$$M_x(F)=-F_z(AB+CD)=-100\sin60°(200+150)=-30310\text{N·mm}$$
$$M_y(F)=-F_zBC=-100\sin60°\times40=-34640\text{N·mm}$$
$$M_z(F)=-F_x(AB+CD)=-100\cos60°(200+150)=-17500\text{N·mm}$$

四、空间力系的平衡方程式

1. 空间任意力系的平衡条件与平衡方程式

某物体上作用有一个空间任意力系 F_1、F_2、…、F_n。若物体在空间任意力系作用下平

衡，则物体既不能沿 x、y、z 三轴方向移动，也不能绕 x、y、z 三轴转动。即力系中各力在三个坐标轴上投影的代数和分别等于零，对三个坐标轴取力矩的代数和也分别等于零。由此得空间任意力的平衡方程式为

$$\left.\begin{array}{lll}\sum F_x=0 & \sum F_y=0 & \sum F_z=0 \\ \sum M_x(\boldsymbol{F})=0 & \sum M_y(\boldsymbol{F})=0 & \sum M_z(\boldsymbol{F})=0\end{array}\right\} \quad (4-7)$$

利用该六个独立平衡方程式可以求解六个未知量。

2. 空间平行力系的平衡方程式

设某物体受一空间平衡力系作用，令 z 轴与该力系的各力平行，则有 $\sum F_x \equiv 0$，$\sum F_y \equiv 0$ 和 $\sum M_z(F) \equiv 0$。因此，空间平行力系只有三个平衡方程式，即

$$\sum F_z=0 \quad \sum M_x(\boldsymbol{F})=0 \quad \sum M_y(\boldsymbol{F})=0 \quad (4-8)$$

因为只有三个独立的平衡方程式，故它只能解三个未知量。

3. 空间汇交力系的平衡方程式

若空间直角坐标系的坐标原点取在空间汇交力系的汇交点上，则

$$\sum M_x(\boldsymbol{F})=\sum M_y(\boldsymbol{F})=\sum M_z(\boldsymbol{F}) \equiv 0$$

因此，空间汇交力系只有三个平衡方程式，即

$$\sum F_x=0, \sum F_y=0, \sum F_z=0 \quad (4-9)$$

4. 轴承约束

机器中都有旋转轴，轴被轴承所支承，所以轴承是轴的约束。轴承分为向心轴承和推力轴承。

(1) 向心轴承　图 4-5 所示为向心轴承的平面简图。轴承限制了轴在垂直于轴线平面内的径向移动，但不能限制轴在轴承内沿轴线移动和绕轴线转动。于是约束反力只有一个力 $\boldsymbol{F}_N$，该力通过轴心，方向不定。这个力也可以用两个相互垂直的正交分力来表示。通常用空间力 $\boldsymbol{F}_x$ 和 $\boldsymbol{F}_z$ 来表示 [图 4-5 (b)]。

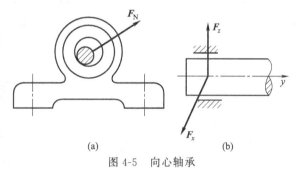

图 4-5　向心轴承

(2) 推力轴承　图 4-6 所示为推力轴承的平面简图。与向心轴承相似的是，轴承同样限制了轴在垂直其轴线平面内的径向移动；与向心轴承不同的是，轴承还限制了轴沿轴线方向的移动。于是约束反力通过轴心 O 点用三个互相垂直的正交分力来表示，如图 4-6 (b) 中 $\boldsymbol{F}_x$、$\boldsymbol{F}_y$ 和 $\boldsymbol{F}_z$ 所示。

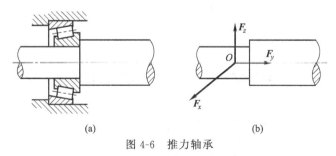

图 4-6　推力轴承

【例 4-3】　有一起重绞车的鼓轮轴如图 4-7 所示。已知 $W=10kN$，$b=c=300mm$，$a=200m$，大齿轮半径 $R=200mm$，齿轮的啮合力 $\boldsymbol{F}_n$ 作用在最高点 E 处，压力角 $\alpha=20°$，鼓轮半径 $r=100mm$，A、B 两端为向心轴承，试求齿轮的啮合力 $\boldsymbol{F}_n$ 以及 A、B 两轴承的约束反力。

解 取鼓轮轴整体为研究对象，其上作用啮合力 F_n、起重物重力 W 和轴承 A、B 处的约束反力 F_{Ax}、F_{Az}、F_{Bx}、F_{Bz}，如图 4-7 所示。该力系为空间任意力系，列平衡方程式如下

$$\sum F_x = 0 \qquad F_{Ax} + F_{Bx} + F_n\cos\alpha = 0 \tag{a}$$

$$\sum F_z = 0 \qquad F_{Az} + F_{Bz} - F_n\sin\alpha - W = 0 \tag{b}$$

$$\sum M_x(\boldsymbol{F}) = 0 \qquad F_{Az}(a+b+c) - W(a+b) - F_n\sin\alpha \times a = 0 \tag{c}$$

$$\sum M_y(\boldsymbol{F}) = 0 \qquad F_n\cos\alpha \times R - W \times r = 0 \tag{d}$$

$$\sum M_z(\boldsymbol{F}) = 0 \qquad -F_n\cos\alpha \times a - F_{Ax}(a+b+c) = 0 \tag{e}$$

由式（d）解得 $F_n = 5.32\text{kN}$，分别代入式（c）、(e) 得

$$F_{Az} = 6.7\text{kN}, F_{Ax} = -1.25\text{kN}$$

由式（a）、(b) 解得 $F_{Bx} = -3.75\text{kN}$，$F_{Bz} = 5.12\text{kN}$

在机械工程中，尤其是对轴类零件进行受力分析时，常将空间受力图投影到三个坐标平面上，得到三个平面力系，分别列出它们的平衡方程，同样可以解出所有未知量，这种方法称为空间问题的平面解法。

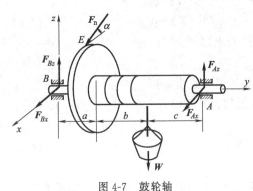

图 4-7 鼓轮轴

【例 4-4】 某传动轴如图 4-8（a）所示。已知带紧边拉力 $F_T = 5\text{kN}$，松边拉力 $F_t = 2\text{kN}$，带轮直径 $D = 0.16\text{m}$，齿轮分度圆直径 $d_0 = 0.1\text{m}$，压力角 $\alpha = 20°$，求齿轮圆周力 F_τ、径向力 F_r 和轴承的约束反力。

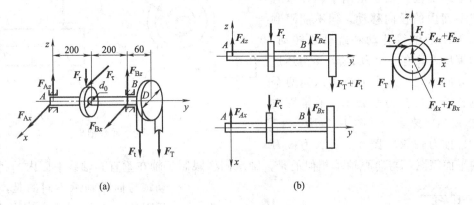

图 4-8 传动轴

解 取传动轴整体为研究对象，画出它的投影图如图 4-8（b）所示。按平面力系列方程进行计算

xz 平面 $\qquad \sum M_A = 0 \quad (F_T - F_t)\dfrac{D}{2} - F_\tau \dfrac{d_0}{2} = 0$

yz 平面 $\qquad \sum M_B = 0 \quad -400F_{Az} + 200F_r - 60(F_T + F_t) = 0$

$\qquad\qquad\qquad \sum F_z = 0 \quad F_{Az} + F_{Bz} - F_r - F_T - F_t = 0$

xy 平面 $\qquad F_{Ax} = F_{Bx} = \dfrac{F_\tau}{2}$

注意：由于压力角 $\alpha=20°$，所以 $F_r=F_\tau\tan\alpha$。解上述方程得
$F_\tau=4.8\text{kN}$，$F_r=1.747\text{kN}$，$F_{Ax}=F_{Bx}=2.4\text{kN}$，$F_{Az}=-0.176\text{kN}$，$F_{Bz}=8.57\text{kN}$

课题二　平面图形的形心

一、形心坐标公式

如图 4-9 所示的平面图形，可视为均质、等厚的薄平板。将平面图形分割成许多微小面积 ΔA_1、ΔA_2、$\cdots$、ΔA_k，总面积为 $A=\sum(\Delta A_k)$，设平面图形的形心为 $C(x_C,y_C)$。平面图形总面积对坐标轴的静矩（面积矩）等于各微小面积对同轴静矩的代数和，即

$$Ax_C=\sum(\Delta A_k)x_k,\ Ay_C=\sum(\Delta A_k)y_k$$

所以平面图形的形心坐标为：

$$x_C=\frac{\sum(\Delta A_k)x_k}{A},\ y_C=\frac{\sum(\Delta A_k)y_k}{A} \tag{4-10}$$

令 $\Delta A\to 0$，$k\to\infty$，对上式取极限，得

$$x_C=\frac{\int_A x\,\mathrm{d}A}{A},\ y_C=\frac{\int_A y\,\mathrm{d}A}{A} \tag{4-11}$$

引入记号 $S_x=\int_A y\,\mathrm{d}A$，$S_y=\int_A x\,\mathrm{d}A$，分别为平面图形对 x 轴和 y 轴的静矩。

关于静矩和形心，注意以下几点。

① 根据静矩的定义，同一图形对于不同的坐标轴，静矩各不相同。而且静矩可能为正、为负或为零。如图 4-10 所示矩形，$S_{x1}>0$，$S_{x2}<0$。

② 由式（4-11）可知，若坐标轴通过形心，则图形对该轴的静矩等于零。图 4-10 中 $S_{x3}=S_y=0$。

③ 若图形对于某一轴的静矩等于零，则该轴必通过形心。

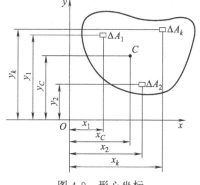

图 4-9　形心坐标

二、组合图形的形心计算

对于一些常见的简单图形，如圆形、矩形、三角形、正方形等，其形心都是熟知的。根据这些简单图形的形心，利用式（4-10）即可确定由这些简单图形组成的组合图形的形心，即将组合图形分割成几个简单图形，这种方法称为分割法。

对于由规则图形中去掉一部分或几部分而形成的组合图形，也可应用式（4-10）确定其形心坐标，只是将所去掉部分的面积视为负值。这种方法称为负面积法。基本形体形心位置见表 4-1。

【例 4-5】　试求打桩机中偏心块（图 4-11）的形心。已知 $R=10\text{cm}$，$r_2=3\text{cm}$，$r_3=1.7\text{cm}$。

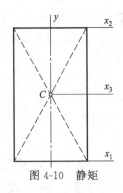

图 4-10 静矩

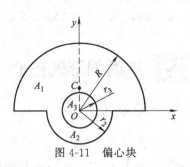

图 4-11 偏心块

表 4-1 基本形体形心位置

图 形	形心位置	图 形	形心位置
三角形	$y_C = \dfrac{h}{3}$ $A = \dfrac{1}{2}bh$	抛物线面	$x_C = \dfrac{1}{4}l$ $y_C = \dfrac{3}{10}b$ $A = \dfrac{1}{3}hl$
梯形	$y_C = \dfrac{h(a+2b)}{3(a+b)}$ $A = \dfrac{h}{2}(a+b)$	扇形	$x_C = \dfrac{2r\sin\alpha}{3\alpha}$ $A = \alpha r^2$ 半圆的 $\alpha = \dfrac{\pi}{2}$ $x_C = \dfrac{4r}{3\pi}$

解 将偏心块看成三部分组成：

(1) 半圆面 A_1，半径为 R，$A_1 = \dfrac{\pi R^2}{2} = 157\text{cm}^2$，$x_1 = 0$

$$y_1 = \dfrac{4R}{3\pi} = \dfrac{40}{3\pi}\text{cm} \approx 4.24\text{cm}$$

(2) 半圆面 A_2，半径为 r_2，$A_2 = \dfrac{\pi r_2^2}{2} = 14\text{cm}^2$，$x_2 = 0$

$$y_2 = \dfrac{-4r_2}{3\pi} = \dfrac{-4 \times 3}{3\pi}\text{cm} \approx -1.27\text{cm}$$

(3) 挖去圆面积 A_3，半径为 r_3，$A_3 = -\pi r_3^2 = -9.1\text{cm}^2$

$$y_3 = 0$$

因为 y 轴为对称轴，重心 C 必在 y 轴上，所以 $x_C = 0$。应用式（4-11）可得

$$y_C = \dfrac{\sum A_k y_k}{A} = \dfrac{A_1 y_1 + A_2 y_2 + A_3 y_3}{A_1 + A_2 + A_3} = \dfrac{157 \times 4.24 - 14 \times 1.27}{157 + 14 - 9.1} = 4\text{cm}$$

习 题

1. 变速箱中间轴装有两标准直齿圆柱齿轮，其分度圆半径 $r_1 = 100\text{mm}$，$r_2 = 72\text{mm}$，

啮合点分别在两齿轮的最低与最高位置，如图 4-12 所示，轮齿压力角 $\alpha=20°$，在齿轮 1 上的圆周力 $F_1=1.58$kN。试求当轴平衡时作用于齿轮 2 上的圆周力 F_2 与 A、B 轴承的反力。

2. 图 4-13 为传动轴。已知 $F_T=2F_t$，$F_r=1$kN，齿轮压力角 $\alpha=20°$，$R=500$mm，$r=300$mm，$a=500$mm，求圆周力 F_τ 及 A、B 轴承的约束反力。

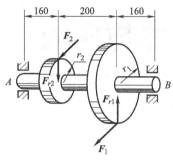

图 4-12 题 1 图

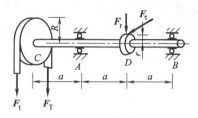

图 4-13 题 2 图

3. 试求图 4-14 中各图形的形心位置。设 O 点为坐标原点。

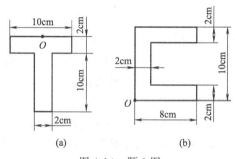

图 4-14 题 3 图

单元五　杆件的轴向拉伸与压缩

课题一　构件承载能力概述

一、构件的承载能力

工程实际中，广泛地使用各种机械和工程结构，组成这些机械的零件和工程结构的元件，统称为构件。这些构件在工作时都要承受外力的作用。在静力学中，通过力的平衡关系，已经解决构件外力的计算问题。但是，在外力的作用下，构件能否正常工作，还是一个有待进一步解决的问题。

要使构件正常工作，首先要求构件在一定的外力作用下不发生破坏。例如，起重机的钢丝绳不允许被重物拉断。有些构件，在外力的作用下出现永久变形，这时也不能正常工作。例如，机器中齿轮的轮齿，由于出现永久变形而失去其原正常齿形，不能正常啮合。这些破坏现象在工程中是不允许出现的。为了保证机器或结构物正常地工作，要求每个构件都有足够抵抗破坏的能力，即要求它们具有足够的强度。构件在外力作用下，还会出现弹性变形，弹性变形过大时，也会影响机器的正常工作。例如，机床的主轴在工作时如果出现过大的弹性变形，则要影响工件的加工精度；桥式起重机大梁在起吊载荷的作用下，如发生过大变形，则要影响起重机的平稳运行。这些现象在工程中也是不允许的。因此，在工作时也要求构件具有足够抵抗变形的能力，即要求它们具有足够的刚度。除此以外，有些构件在某些载荷作用下，还可能出现不能保持它原有平衡状态的现象。例如，一根受压的细长直杆，当沿杆轴方向的压力增大到一定数值时，若受到微小干扰，杆就会由原来的直线状态突然变弯。这种突然改变其平衡状态的现象，叫做丧失稳定，这也是工程中所不允许的。因此，对这一类构件，还要求它在工作时能保持原有的平衡状态，即要求其有足够的稳定性。

由此可知，在外力作用下的构件，要求能正常工作，一般必须满足强度、刚度和稳定性这三方面的要求。

构件的强度、刚度和稳定性统称为构件的承载能力。为提高构件的承载能力，采用优质材料，加大截面面积是可以满足的；但是，这样又造成材料的浪费和结构的笨重。显然与降低消耗、减轻重量、节省资金相矛盾。研究构件承载能力的目的就是在保证构件既安全又经济的前提下，为构件选择合理的材料、确定合理的截面形状和几何尺寸提供必要的理论基础和计算方法。

二、变形固体及其基本假设

在静力学中,讨论外力作用下的物体平衡问题时,是把固体看成刚体,即不考虑固体形状和尺寸的改变。实际上,自然界中的任何固体在外力作用下,都或大或小地要发生变形。对于构件强度、刚度和稳定性的研究,都要与构件在外力作用下的变形相联系。因此,固体的可变形性质就成为重要的基本性质而不容忽视。也就是说,研究构件的承载能力时,所研究的对象不能再看成是刚体,而要看成可变形固体;并且常把对所研究问题影响不大的一些次要因素加以忽略,只保留物体的某些主要性质。这样,就能使研究工作大为简化。为了便于研究,对变形固体加以简化,作如下假设。

(1) 连续均匀假设 即认为物体在其整个体积内毫无空隙地充满了物质,各点处的力学性质是完全相同的。

由于构件的尺寸远远大于物体的基本粒子之间的间隙,这些间隙的存在以及由此而引起的性质的差异,在宏观的讨论中完全可以忽略不计。

由于采用了连续、均匀假设,可以从物体中截取任意微小的部分进行研究,并将其结果推广到整个物体;同时,也可以将那些用大尺寸试样在实验中获得的材料性质,用到任何微小部分上去。

(2) 各向同性假设 即认为物体沿各个方向的力学性质都是相同的。

实际物体沿不同方向的性质并不完全相同。例如金属是由晶粒组成,沿不同方向晶粒的性质并不相同。但是由于构件中包含的晶粒极多,晶粒排列又无规则,在宏观研究中,物体的性质并不显示出方向的差别,因此可以看成是各向同性的。常用的工程材料如钢、塑料、玻璃以及浇灌很好的混凝土等,都可以认为是各向同性材料。如果材料沿不同方向具有不同的力学性质,如形成纤维组织的金属,纤维整齐的木材等,则称为各向异性材料。假设所研究的都是各向同性材料。在此假设上得出的结论,只能近似地应用在各向异性的材料上。

均匀连续、各向同性的变形固体,是对实际物体的一种科学抽象。实践表明,在此假设前提下所建立理论,基本上符合真实构件在外力作用下的表现,因此假设得以成立。

(3) 弹性小变形 工程上常用材料在外力作用下将产生变形。试验指出,当外力不超过一定限度时,绝大多数材料在外力解除后都可以恢复原状。如果外力过大,超过一定限度,则外力除去后将留下一部分不能消失的变形。随外力除去而消失的变形称为弹性变形,而外力除去后不能消失的变形称为塑性变形,也称残余变形或永久变形。一般情况下,变形固体在外力作用下产生的变形与构件原有尺寸相比是很微小的弹性变形,称为弹性小变形。因此,在确定构件内力列平衡方程时,均略去不计,而按构件的原始尺寸进行分析计算。

三、杆件变形的基本形式

在机械和工程结构中,构件的几何形状是多种多样的,但杆件是最常见、最基本的一种构件。凡是一个方向的尺寸(长度)远大于其他两个方向尺寸(宽度和高度)的构件称为杆。垂直于杆件长度方向的截面,称为横截面。横截面中心线的连线,叫做杆的轴线。如杆的轴线是直线,此杆叫直杆;轴线为曲线时,则叫曲杆。各横截面尺寸不变的杆,叫等截面杆;否则是变截面杆。工程中比较常见的是等截面直杆,简称等直杆。大量的工程构件都可以简化为杆件,如机器中的传动轴,工程结构中的梁、柱等。

构件在工作时的受载荷情况是各不相同的。受载后产生的变形也是多种多样的。对于杆件来说，其受载后产生的基本变形形式有轴向拉伸和压缩、剪切和挤压、扭转、弯曲。其他一些复杂的变形可以由基本形式组合而成。本章主要讨论轴向拉、压变形，其他变形将在以后各章讨论。

课题二　轴向拉伸与压缩的概念

在工程实际中，发生轴向拉伸或压缩变形的杆件很多。例如图 5-1（a）所示的螺栓连接结构，当其中的螺栓进行受力分析时，其受力如图 5-1（b）、（c）所示。可见螺栓承受沿轴线方向作用的拉力，杆件沿轴线方向产生伸长变形。如图 5-2 所示，支架在载荷 G 作用下，AB 杆受拉、BC 杆受压。可见，AB 杆沿轴线方向产生伸长变形，BC 杆沿轴线方向产生缩短变形。此外，如万能材料试验机的立柱、千斤顶的螺杆、桁架中的杆件等等，均为拉伸或压缩杆件的实例。

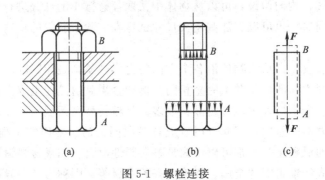

图 5-1　螺栓连接

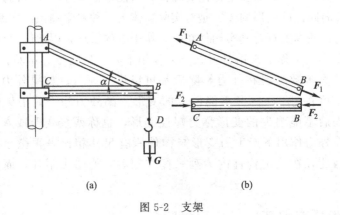

图 5-2　支架

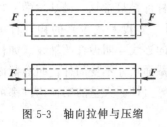

图 5-3　轴向拉伸与压缩

这些杆件的形状各有差异，加载方式也各不相同，但是若把杆件的形状和受力情况进行简化，均可画成图 5-3 所示的计算简图。这类杆件的受力特点是作用在杆件上的外力合力的作用线与杆件的轴线重合；变形特点是杆件产生沿轴线方向的伸长或缩短。这种变形形式称为轴向拉伸或轴向压缩。

课题三 轴向拉伸与压缩时横截面上的内力

一、内力的概念

研究构件承载能力时，把作用在整个构件上的载荷和约束反力统称为外力。物体的一部分与另一部分或质点之间存在相互的作用力，它维持构件各部分之间的联系及杆件的形状。构件在外力作用而变形时，其内各部分之间的相互作用力也随之变化，这种因外力作用而引起的构件内部的相互作用力称为内力。内力在截面上是连续分布的，通常所称的内力是指该分布力系的合力或合力偶。

内力随着外力的增大而增加，但内力的增加是有一定限度的（与物体材料性质等因素有关），如果超过这个限度，构件就要发生破坏。因此，内力与构件的强度、刚度、稳定性等密切相关，内力分析是解决构件强度、刚度和稳定性的基础。

二、截面法求轴力

由于内力是物体内相邻部分之间的相互作用力，为了显示内力，可采用截面法。如图5-4（a）所示，杆件两端受拉力 F 作用，欲求其截面 $m—m$ 上的内力，按照如下步骤进行。

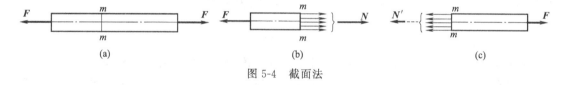

图 5-4 截面法

① 假想用一平面沿 $m—m$ 处将杆截开，使其成为两部分。

② 保留其中任意一部分，弃去另一部分，并将弃去部分对留下部分的作用以分布在 $m—m$ 截面上各点的力来代替，其合力为 N，如图5-4（b）所示。由于外力 F 的作用通过杆件轴线，因此 N 的作用线也通过杆件轴线。所以，称内力的合力为轴力。

③ 考虑留下部分的平衡条件

$$\sum F_x = 0 \quad \text{有} \quad N = F$$

即截面 $m—m$ 上的轴力为 N，其大小等于 F，方向与 F 相反，作用线沿同一直线。用此方法，可求出任一截面上的内力。

若在分析时取右段为研究对象，则该杆所受的力为外力 F 和截开截面上所暴露出来的分布内力，该内力即左段杆对右段杆的作用力，设其合力为 N'。与上面一样，根据平衡条件，可求得

$$N' = F$$

即轴力 N' 的大小也等于 F，方向与 F 相反，作用线沿杆轴线。很明显，左段杆的轴力 N 与右段杆的轴力 N'，实为两段杆在同一截面 $m—m$ 处的相互作用力，它们是作用与反作用力的关系，所以必须是等值反向，沿同一条作用线。

为了研究方便，给轴力 N 规定一个符号：当轴力的方向与截面外法线方向一致，即轴力指向背离截面时，轴力取正号；反之，取负号。很明显，轴力为正时，杆件受拉，轴力为负时，杆件受压。这样，用截面法求内力时，无论留下哪一部分为研究对象，求得轴力的正

负号都相同。因此，在以后的讨论中，不必区别 N 与 N'，一律表示为 N。

三、轴力图

图 5-4 中的杆件只在两端受拉力，每个截面上的轴力 N 都等于 F。在工程实际中，有些杆件往往承受多个轴向外力作用。在这种情况下，杆件中的轴力在不同截面上就会不相同。为了形象地表示轴力沿轴线的变化情况，可取平行于杆轴线的坐标轴为横坐标，并以横坐标 x 表示横截面的位置，垂直于杆轴线的纵坐标表示对应横截面上的轴力大小，并将正的轴力画在 x 轴的上方，负的轴力画在 x 轴的下方。由此作出的图形称为轴力图。

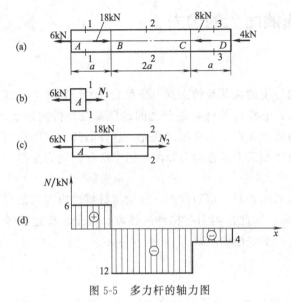

图 5-5 多力杆的轴力图

【例 5-1】 试画出图 5-5（a）直杆的轴力图。

解 此直杆在 A、B、C、D 点承受轴向外力。先在 AB 段内取 1—1 截面，切开后保留左段 [图 5-5（b）]，设截面的轴力 N_1 为正。由此段杆的平衡方程 $\sum F_x = 0$ 得

$$N_1 - 6 = 0$$
$$N_1 = 6\text{kN}$$

N_1 为正号，说明轴力的假设方向与实际相同。AB 段内任意截面的轴力都等于 6kN。

在 BC 段内取 2—2 截面，切开后保留左段 [图 5-5（c）]，仍假设截面的轴力 N_2 为正。由 $\sum F_x = 0$ 得

$$-6 + 18 + N_2 = 0 \qquad N_2 = -12\text{kN}$$

N_2 为负号，说明轴力的假设方向与实际方向相反，轴力 N_2 应为负。BC 段内任一截面的轴力都等于 -12kN。

同理，CD 段内任一截面的轴力都是 -4kN。

然后以平行于杆轴的坐标轴 x 轴表示截面的位置，纵坐标表示各截面轴力，画出轴力图，如图 5-5（d）所示。因为每段内轴力是不变的，故轴力图由三段水平线组成。由此图可以看出，数值最大的轴力发生在 BC 段内。

由此例可以看出，在利用截面法画轴力图时，总是假设在切开的截面上轴力为正，然后由 $\sum F_x = 0$ 求出轴力 N，如果 N 得正号，说明轴力是正的（拉力），如果 N 得负号，则说明轴力是负的（压力）。

课题四 轴向拉伸与压缩时横截面上的应力

一、应力的概念

在确定了拉伸或压缩杆件的轴力之后，还不能解决杆件的强度问题。例如，两根材料相同、粗细不等的杆件，在相同的拉力作用下，它们的内力是相同的。随着拉力的增加，细杆

必然先被拉断。这说明,虽然两杆截面上的内力相同,但由于横截面尺寸不同致使内力分布集度并不相同,细杆截面上的内力分布集度比粗杆的内力集度大。所以,在材料相同的情况下,判断杆件破坏的依据不是内力的大小,而是内力分布集度,即内力在截面上各点处分布的密集程度。内力的集度称为应力,应力表示了截面上某点受力的强弱程度,应力达到一定程度时,杆件就发生破坏。

应力是矢量,通常可分解为垂直于截面的分量 σ 和切于截面的分量 τ。这种垂直于截面的分量 σ 称为正应力,切于截面的分量 τ 称为切应力。

在国际单位制中,应力的单位为 N/m^2,称为帕斯卡,或简称帕(Pa)。$1Pa=1N/m^2$。在工程实际中,这一数值太小,因此常用 kPa、MPa(N/mm^2)或 GPa 表示。$1kPa=10^3 Pa$,$1MPa=10^6 Pa$,$1GPa=10^9 Pa$。

二、横截面上的应力

要确定拉(压)杆横截面上的应力,首先必须知道横截面上内力的分布规律。而内力的分布规律与变形有关。因此,先通过实验来观察杆件的变形情况。

取一等直杆,在其表面画出许多与轴线平行的纵线和与它垂直的横线 [图 5-6(a)]。在两端施加一对轴向拉力 F 之后,发现所有纵线的伸长都相等,而横线保持为直线,并仍与纵线垂直,如图 5-6(b)所示。据此现象,如果把杆设想为由无数纵向纤维组成,根据各纤维的伸长都相同,可知它们所受的力也相等,如图 5-6(c)所示。于是可作出如下假设:直杆在轴向拉压时,变形

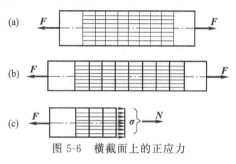

图 5-6 横截面上的正应力

前为平面的横截面,在变形后仍保持为平面,且仍然垂直于杆的轴线。这个假设称为平面假设。

根据平面假设可知,内力在横截面上是均匀分布的。若杆轴力为 N,横截面面积为 A,则单位面积上的内力为

$$\sigma = \frac{N}{A} \tag{5-1}$$

式中,σ 为横截面上的正应力,其符号与轴力的符号相对应,即拉应力为正,压应力为负。

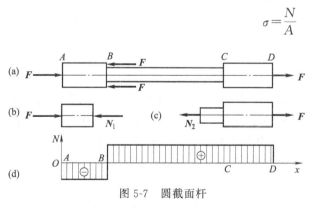

图 5-7 圆截面杆

【例 5-2】 试求图 5-7 所示杆件各段横截面上的应力。已知 AB 段和 CD 段的横截面面积为 $200mm^2$、BC 段的横截面面积为 $100mm^2$,$F=10kN$。

解 (1) 计算轴力,画轴力图。由截面法求得各段杆的轴力为

AB 段:$N_1 = F = -10kN$(压力)

BC 段:$N_2 = F = 10kN$(拉力)

CD 段:$N_3 = F = 10kN$(拉力)

画轴力图如图 5-7（d）所示。

（2）计算各段横截面上的应力。

运用公式 $\sigma = \dfrac{N}{A}$ 求得

$$AB \text{ 段}: \sigma_1 = \frac{N_1}{A_{AB}} = \left(\frac{-10 \times 10^3}{200}\right)\text{MPa} = -50\text{MPa}（压应力）$$

$$BC \text{ 段}: \sigma_2 = \frac{N_2}{A_{BC}} = \left(\frac{10 \times 10^3}{100}\right)\text{MPa} = 100\text{MPa}（拉应力）$$

$$CD \text{ 段}: \sigma_3 = \frac{N_3}{A_{CD}} = \left(\frac{10 \times 10^3}{200}\right)\text{MPa} = 50\text{MPa}（拉应力）$$

结果表明，该杆的最大应力发生在 BC 段。

课题五　拉（压）杆的变形

直杆在轴向力的作用下，将引起轴向尺寸的伸长或缩短；与此同时，杆件的横向尺寸也会产生缩小或增大。前者称为纵向变形，后者称为横向变形。

一、纵向变形，胡克定律

设有一等直杆，杆的原长为 l，横截面面积为 A，在轴向拉力作用下，杆长由 l 变为 l_1（图 5-8），则

图 5-8　拉、压杆的变形

$$\Delta l = l_1 - l$$

称为杆的纵向变形或绝对伸长。

实验指出：在弹性范围内，杆的变形 Δl 与所加的轴向载荷 F 成正比，与试样的长度 l 成正比，而与试样的横截面面积 A 成反比。用数学表达式，即

$$\Delta l \propto \frac{Fl}{A}$$

由于轴向载荷 F 与轴力 N 相等，即 $N = F$，并引入比例常数 E，上式可写成

$$\Delta l = \frac{Nl}{EA} \tag{5-2}$$

这一比例关系称为胡克定律。

上式中的比例常数 E，称为材料的弹性模量，其数值随材料而异，可由试验确定。例如，钢，$E = 200\text{GPa}$；铜，$E = 100\text{GPa}$。材料的 E 值愈大，愈难被拉伸（或压缩）。因此，要使同样长度和同样截面面积的钢杆与铜杆产生相同的伸长，对钢杆需要多加一倍的拉力。

由式（5-2）可以看出，乘积 EA 愈大，杆件的拉伸（或压缩）变形愈小。所以 EA 称为杆件的抗拉（压）刚度。

Δl 均匀发生于长度 l 上，它与杆件原长 l 有关。为了消除长度的影响，将绝对伸长 Δl 除以原长 l，得

$$\varepsilon = \frac{\Delta l}{l}$$

式中，ε 称为纵向相对变形或纵向线应变。

ε 是量纲为 1 的量,正值表示拉应变,负值表示压应变。若将 $\varepsilon = \dfrac{\Delta l}{l}$,$\sigma = \dfrac{N}{A}$ 代入式 (5-2)中,可得胡克定律的另一表达式

$$\varepsilon = \frac{\sigma}{E} \text{ 或 } \sigma = E\varepsilon \tag{5-3}$$

二、横向变形,泊松比

当杆件受拉伸沿纵向伸长时,横向(垂直于杆轴方向)则缩短(图 5-8);当杆件受压缩沿纵向缩短时,横向则伸长。

图 5-8 的受拉杆件,变形前横向尺寸为 a,变形后为 a_1,则横向绝对变形为

$$\Delta a = a_1 - a$$

为了消除杆件尺寸的影响,其横向线应变为

$$\varepsilon' = \frac{\Delta a}{a} = \frac{a_1 - a}{a}$$

试验表明:同一种材料,在弹性变形范围内,横向线应变与纵向线应变之比的绝对值为常数,即

$$\nu = \left| \frac{\varepsilon'}{\varepsilon} \right| \tag{5-4}$$

ν 称为材料的泊松比或横向变形系数。它是一个量纲为 1 的量,其值随材料而异,可由试验确定。因杆件轴向伸长时,其横向缩短;而轴向缩短时,横向伸长,ε' 与 ε 的符号恒相反,故有

$$\varepsilon' = -\nu\varepsilon \tag{5-5}$$

弹性模量 E 和泊松比 ν 都是材料的弹性常数。

【例 5-3】 图 5-9(a)所示为一阶梯形钢杆,AC 段的截面面积为 $A_{AB} = A_{BC} = 500\text{mm}^2$;$CD$ 段的截面面积为 $A_{CD} = 200\text{mm}^2$。杆的各段长度及受力情况如图所示。已知钢杆的弹性模量 $E = 200\text{GPa}$,试求杆的总长度改变。

解 (1)内力计算,画轴力图 为了运算方便,首先解除固定端的约束,并求出约束反力 R_A[图 5-9(b)]。由整个杆的平衡,

$$\sum F_x = 0 \quad -R_A + F_1 - F_2 = 0$$

得 $R_A = 20\text{kN}$

用截面法求出各段轴力

$$N_1 = R_A = 20\text{kN}$$
$$N_2 = R_A - F_1 = -10\text{kN}$$

画出轴力图,如图 5-9(e)所示。

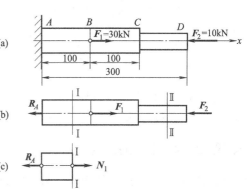
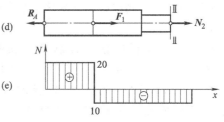

图 5-9 阶梯形钢杆

(2)求杆的总长度改变 根据胡克定律求杆件的伸长,要求在某一长度 l 上的轴力保持

不变，同时横截面积也保持不变。如果整个杆件的长度上不能满足此条件，则杆件的总长度改变就要分段求出，然后再代数相加。

全杆总的长度改变 Δl_{AD} 等于各段杆长度改变的代数和，即

$$\Delta l_{AD} = \Delta l_{AB} + \Delta l_{BC} + \Delta l_{CD} = \frac{N_1 l_{AB}}{EA_{AB}} + \frac{N_2 l_{BC}}{EA_{BC}} + \frac{N_2 l_{CD}}{EA_{CD}}$$

将有关数据代入，并考虑它们的单位和符号，即得

$$\Delta l_{AD} = \frac{1}{200 \times 10^3} \left(\frac{20 \times 10^3 \times 100}{500} - \frac{10 \times 10^3 \times 100}{500} - \frac{10 \times 10^3 \times 100}{200} \right) \text{mm} = -0.015 \text{mm}$$

计算结果为负，说明整个杆是缩短的。

课题六　材料在拉伸时的力学性质

构件的强度和变形不仅与构件的尺寸和所承受的载荷有关，而且还与构件所用材料的力学性质有关。所谓材料的力学性质是指材料在外力作用下其强度和变形方面所表现的各种性能，一般通过试验得到。

本节主要介绍材料在常温（就是指室温）、静载（速度平稳、载荷缓慢地逐渐增加）下的拉伸试验。这是材料力学性质试验中最常用的试验。

为便于比较试验所得到的结果，国家标准规定将试样做成一定的形状和尺寸。一种圆截面的拉伸试样如图 5-10 所示。在试样中间等直部分取一段长度 l 为工作长度（或称为标距），d 为圆试样直径，试样较粗的两端是装夹部分。工作长度和直径之比为 $l = 10d$，或 $l = 5d$。前者称为 10 倍试样，后者称为 5 倍试样。

图 5-10　拉伸试样

拉伸试验在万能试验机上进行。把试样安装在试验机上后开动机器，试样受到自零渐增的拉力 F 的作用，这时在试样标距 l 长度内所产生的相应的拉伸变形为 Δl。把对应的 F 和 Δl 绘制成 F-Δl 曲线，称为拉伸图，试验机能自动绘出 F-Δl 曲线。

一、低碳钢的拉伸试验

低碳钢是工程上广泛使用的材料，其力学性质具有一定典型性，因此常选择它来阐明塑性材料的一些性质。

图 5-11 表示了低碳钢试样从开始加载直至断裂的全过程中力和变形的关系。横坐标为工作长度上的绝对变形，纵坐标为所加外载荷。该曲线就是拉伸图。拉伸图受到试样几何尺寸的影响。例如，用同一种材料加工成粗细、长短不同的试样，其拉伸图不同。粗试样产生相同的伸长所需的拉力比细试样大；长试样在同样拉力情况下，其伸长也就比短试样长一些。为了消除尺寸的影响，获得反映材料性质的图线，将纵坐标 F 及横坐标 Δl 分别

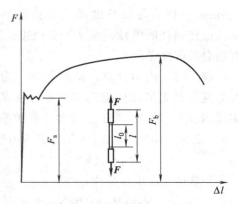

图 5-11　低碳钢的 F-Δl 曲线

除以试样原来的截面面积 A 及原来的长度 l，由此得出材料的应力 $\sigma=\dfrac{F}{A}$ 与应变 $\varepsilon=\dfrac{\Delta l}{l}$ 的关系曲线，称为应力应变曲线或 $\sigma\text{-}\varepsilon$ 曲线。$\sigma\text{-}\varepsilon$ 曲线的形状与拉伸图相似，只是将后者的纵、横坐标的比例尺作了改变。

低碳钢的应力应变曲线如图 5-12 所示。根据它的变形特点，大致可以分为以下四个阶段。

1. 弹性阶段

在图 5-12 中，Oa' 段内材料是弹性的，即卸载后，变形能够完全恢复。这种变形称为弹性变形。与 a' 点对应的应力 σ_e 称为弹性极限。在弹性阶段卸载后的试样，其长度不变。

在弹性阶段中，从 O 到 a 是直线，这说明在 Oa 范围内应力 σ 与应变 ε 成正比。与 a 点相对应的应力值，称为比例极限，以符号 σ_p 表示。比例

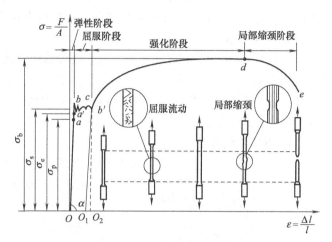

图 5-12　低碳钢的 $\sigma\text{-}\varepsilon$ 曲线

极限是材料的应力与应变成正比的最大应力。因此，胡克定律只适用在应力不超过比例极限的范围内。低碳钢的比例极限 $\sigma_p=190\sim200\text{MPa}$。

图中倾角 α 的正切为

$$\tan\alpha=\frac{\sigma}{\varepsilon}=E$$

由此可由 Oa 直线的斜率确定材料的弹性模量 E。

图中的 a 点比 a' 点略低，aa' 段已不成直线，稍有弯曲，但仍然属于弹性阶段。比例极限与弹性极限的概念不同，但二者的数值很接近，所以有时也把二者不加区别地统称为弹性极限。在工程应用中，一般均使构件在弹性变形范围内工作。

2. 屈服阶段

弹性阶段后，在 $\sigma\text{-}\varepsilon$ 曲线上出现水平或是上下发生微微抖动的一段（图 5-12 上的 bc 段）。此时试样的应力基本上不变，但应变却迅速增加，说明材料暂时失去抵抗变形的能力，好像在流动，这种现象称为材料的屈服或流动。在屈服阶段，对应于最高点 b 点的应力称为上屈服点，对应于最低点 b' 点的应力称为下屈服点。工程上通常取下屈服点作为材料的屈服强度，其对应的应力值以 σ_s 表示，称为屈服点。它的计算式为

$$\sigma_s=\frac{F_s}{A}$$

式中，F_s 为对应于试样下屈服点的拉力；A 为试样横截面的原面积。

屈服点 σ_s 是表示材料力学性质的一项重要数据。对于 Q235 钢，$\sigma_s=240\text{MPa}$。经过抛光的试样，在屈服阶段，可以在试样表面上看到大约与试样轴线成 45° 的线条，这是由于材料内部晶格之间产生滑移而形成的，通常称为滑移线，如图 5-13 所示。

图 5-13　屈服现象

拉力超过弹性范围后，例如在屈服阶段的 c 点，若去掉拉力，则试样将沿平行于 Oa 的 cO_1 线退回至水平轴（图 5-13）。O_1O_2 这段应变在卸载过程中消失，属弹性形变。OO_1 这段应变则不能恢复，称为残余变形或塑性变形。加载超过了屈服阶段的试样，其长度产生了明显的残余变形。机器中的大多数构件，当它们发生较大的塑性变形时，就不能正常工作，因此，设计中对低碳钢一类的塑性材料常取屈服点作为材料的强度指标。

3. 强化阶段

即曲线 cd 部分。超过屈服阶段后，要使试样继续变形又必须增加拉力。这种现象称为材料的强化。这时 σ-ε 曲线又逐渐上升，直到曲线的最高点 d，相应的拉力达到最大值。这个最大载荷除以试样横截面原面积得到的应力值，称为抗拉强度，以符号 σ_b 表示。对于 Q235 钢，σ_b 约为 400MPa。

4. 局部缩颈阶段

应力达到强度极限 σ_b 后，试样的变形开始集中于某一局部区域内，这时该区域内的横截面逐渐收缩，形成缩颈现象。如若在加载前在试样表面画上等分的纵横线条，则它们在缩颈区域的变形如图 5-14 所示。由于局部截面收缩，试样继续变形时，所需的拉力逐渐减小，最后在缩颈处被拉断，断口粗糙。

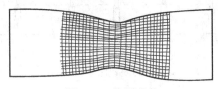

图 5-14 缩颈现象

低碳钢在拉伸过程中，经历了上述的弹性、屈服、强化和局部缩颈四个阶段，并有 σ_p、σ_e、σ_s 和 σ_b 四个强度特征值。其中屈服点 σ_s 和抗拉强度 σ_b 是衡量其强度的主要指标。正确理解比例极限 σ_p 的概念，对掌握胡克定律、杆件的应力分析和压杆的稳定计算都十分重要。

此外，试样断裂后，试样中的弹性部分变形消失，但塑性变形（残余变形）部分则遗留下来。试样工作段的长度（标距）由 l 伸长为 l_1，断口处的横截面面积由原来的 A 缩减为 A_1，它们的相对残余变形常用来衡量材料的塑性性能。工程中常用的两个塑性指标为

断后伸长率
$$\delta = \frac{l_1 - l}{l} \times 100\% \tag{5-6}$$

断面收缩率
$$\psi = \frac{A - A_1}{A} \times 100\% \tag{5-7}$$

Q235 钢的断后伸长率和断面收缩率约为 $\delta = 20\% \sim 30\%$，$\psi \approx 60\%$。

在工程上，根据断裂时塑性变形的大小，通常把 $\delta \geq 5\%$ 的材料称为塑性材料，如钢材、铜、铝等；$\delta < 5\%$ 的材料称为脆性材料，如铸铁、砖石等。必须指出，上述划分是以材料在常温、静载和简单拉伸的前提下所得到 δ 为依据的。而温度、变形速度、受力状态和热处理等，都会影响材料的性质。材料的塑性和脆性在一定条件下可以相互转化。

工程上常用的轴、齿轮和连杆等零件，由于承受的不是静载荷，因而制造这些零件的材料，除了要有足够的强度外，还需要有足够的塑性指标值。

如果材料拉伸至强化阶段任一点 f 处，逐渐卸去载荷，则试样的应力和应变关系将沿着与直线 $\overline{Oa}$ 近乎平行的直线 $\overline{fO_1}$ 回到 O_1 点，如图 5-15 所示。如果在卸载后重新加载，则 σ-ε 曲线将基本上沿着卸载时的同一直线 $\overline{O_1f}$ 上升到 f，然后仍遵循着原来的 σ-ε 曲线变化，直至断裂。

如果用原拉伸曲线 $Oabcde$ 和 O_1fde 相比较，可以看出，若将材料加载到强化阶段，然

后卸载,则再重新加载时,材料的比例极限上升了(由 σ_p 提高到 σ_{p1}),而断裂后的残余变形则减小了 $\overline{O_1O}$ 一段。这种现象称为材料的冷作硬化。工程上常利用冷作硬化来提高某些构件(如钢筋、钢缆绳等)在弹性阶段内的承载能力。

受过冷作硬化的材料,虽然比例极限提高了,但在一定程度上降低了塑性,增加了脆性。如果要消除这一现象,需要经过退火。例如,把钢丝或铜丝较大的直径冷拔成较小的直径时,往往在多次冷拔中间要经过退火,以改善材料的塑性,避免在再拔过程中被拉断。

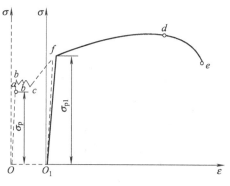

图 5-15 材料的冷作硬化

二、灰铸铁的拉伸试验

灰铸铁(简称铸铁)是工程上广泛应用的一种材料。用铸铁制成拉伸试样,按照与低碳钢拉伸试验的同样方法,得出铸铁的 σ-ε 图(图 5-16)。该图没有明显的直线部分,应力与应变不再成比例关系。在工程计算中,通常取 σ-ε 曲线的一根割线(图 5-16 中的虚线)来近似地代替开始部分的曲线,从而认为材料服从胡克定律。铸铁在拉伸过程中没有屈服阶段,也没有缩颈现象,在较小的变形下突然断裂,断口平齐并垂直于轴线。拉断时的应力称为抗拉强度 σ_b。它的计算式为

$$\sigma_b = \frac{F_b}{A}$$

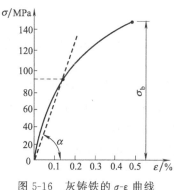

图 5-16 灰铸铁的 σ-ε 曲线

式中,F_b 是试样拉断时的最大拉力;A 为试样的原横截面积。常用的灰铸铁抗拉强度很低,约为 120~180MPa,它的断后伸长率约为 0.5%~0.6%。所以,铸铁是典型的脆性材料。

课题七 材料在压缩时的力学性质

材料的压缩试验也是在常温静载下进行,金属材料的压缩试样,通常用短圆柱体。为避免试样在压缩过程中发生弯曲,圆柱体直径 d 与高度 h 的比值一般规定为 1:(1.5~3)。混凝土的标准试样则做成 200mm×200mm×200mm 的立方体。

一、塑性材料

以低碳钢为例。将短圆柱体压缩试样置于万能试验机的两压座间,使之受压。采用与拉伸试验类似的方法,得到低碳钢受压时的 σ-ε 图,如图 5-17 所示。为了比较,在图中用虚线绘出了低碳钢拉伸时的 σ-ε 图。在屈服阶段以前,两曲线相同,即低碳钢在拉伸和压缩时的弹性模量 E、比例极限 σ_p 和屈服点 σ_s 是相同的。但低碳钢压缩时,试样愈压愈扁,并不断裂(图 5-17),因此测不出它的抗压强度极限。

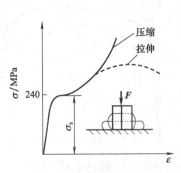

图 5-17 低碳钢压缩时的 σ-ε 曲线

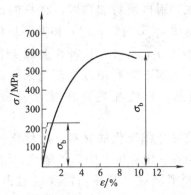

图 5-18 铸铁压缩时的 σ-ε 曲线

二、脆性材料

图 5-18 为灰口铸铁压缩时的 σ-ε 图。图中虚线部分为铸铁拉伸时的 σ-ε 图。铸铁拉压时的 σ-ε 曲线，没有明显的屈服点。压缩时试样有较大变形，随着压力增加，试样略呈鼓形，最后在很小的塑性变形下突然断裂。破坏断面与横截面大致成 45°～55°的倾角，如图5-19所示。材料压缩时的强度极限以 σ_b 表示，灰口铸铁压缩时的强度极限比拉伸时强度极限高得多，约为拉伸时的 3～4 倍。

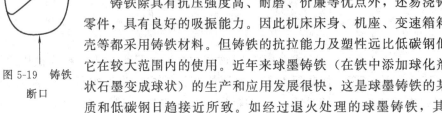

图 5-19 铸铁断口

脆性材料拉伸时的强度极限低，塑性差，但抗压能力却较强，因此脆性材料多用作承压构件。例如，砖石拱桥、土窑洞、混凝土柱等。

铸铁除具有抗压强度高、耐磨、价廉等优点外，还易浇铸成形状复杂的零件，具有良好的吸振能力。因此机床床身、机座、变速箱箱体、电动机外壳等都采用铸铁材料。但铸铁的抗拉能力及塑性远比低碳钢低，因此限制了它在较大范围内的使用。近年来球墨铸铁（在铁中添加球化剂，使铸铁中片状石墨变成球状）的生产和应用发展很快，这是球墨铸铁的某些主要力学性质和低碳钢日趋接近所致。如经过退火处理的球墨铸铁，其 $\sigma_b=400\text{MPa}$，$\delta=12\%\sim17\%$，并且由于它成本低，生产设备及生产过程简单，因此，柴油发动机的凸轮轴与曲轴、齿轮等零件都大量采用球墨铸铁制造。

综上所述，塑性材料和脆性材料的力学性质的主要区别如下。

① 塑性材料破坏时有显著的塑性变形，断裂前有的出现屈服现象。而脆性材料在变形很小时突然断裂，无屈服现象。

② 塑性材料拉伸时的比例极限、屈服点和弹性模量与压缩时相同。由于塑性材料一般不允许达到屈服点，所以在拉伸和压缩时具有相同的强度。而脆性材料则不同，其压缩时的强度都大于拉伸时的强度，且抗压强度远远大于抗拉强度。

课题八 拉（压）杆的强度计算

前面各节分别讨论了构件强度计算所必需的两个方面的问题，即：

(1) 构件在载荷作用下所产生的工作应力 对于轴向拉（压）杆，横截面上的工作应力为

$$\sigma = \frac{N}{A}$$

(2) 构件所用材料的力学性质 对于机器和结构构件,一般不允许产生较大的塑性变形或断裂。因此材料的屈服点 σ_s 和强度极限 σ_b 是两个重要的强度指标。σ_s 和 σ_b 统称为材料的极限应力,以 σ_u 表示。对于脆性材料,只有拉伸强度极限 σ_b 和压缩强度极限 σ_b,以 σ_b 为极限应力;对于塑性材料,常以屈服点 σ_s 作为极限应力。

为了保证构件在外力作用下能安全可靠地工作,应该使它的工作应力小于材料的极限应力,并使构件的强度留有必要的储备。因此,一般把极限应力除以一个大于1的系数 n,作为设计时应力的最大允许值,称为许用应力,用 $[\sigma]$ 表示。即

$$[\sigma] = \frac{\sigma_u}{n}$$

式中,n 称为安全系数。

确定安全系数时应该考虑的因素一般有:①载荷估计的准确性;②简化过程和计算方法的精确性;③材料的均匀性和材料性能数据的可靠性;④构件的重要性。此外,还要考虑到零件的工作条件,减轻自重和其他意外因素等。

安全系数的确定与许多因素有关。对一种材料规定一个一成不变的安全系数,并用它来设计各种不同工作条件下的构件显然是不科学的,应该按具体情况分别选用。正确地选取安全系数,关系到构件的安全与经济。过大的安全系数,会浪费材料;太小的安全系数,则又可能使构件不能安全工作。因此,应该在保证构件安全可靠的前提下,尽量采用较大的许用应力或较小的安全系数。

在一般构件的设计中,以屈服点作为极限应力时的安全系数为 n_s,通常规定为 1.5~2.0;以强度极限作为极限应力时的安全系数为 n_b,通常规定为 2.0~5.0。

为了保证拉(压)杆的正常工作,必须使杆件的工作应力不超过材料在拉伸(压缩)时的许用应力,即

$$\sigma = \frac{N}{A} \leqslant [\sigma] \tag{5-8}$$

式 (5-8) 称为杆件受轴向拉伸或压缩时的强度条件。运用此式可以解决工程中下列三方面的强度计算问题。

(1) 强度校核 已知杆件的材料、尺寸及所受载荷(即已知 $[\sigma]$、A 及 N),可以用式 (5-8) 校核杆件的强度。

(2) 选择截面 已知杆件所受载荷及所用材料(即已知 N 和 $[\sigma]$),可将式 (5-8) 变换成

$$A \geqslant \frac{N}{[\sigma]} \tag{5-9}$$

从而确定杆件的安全截面面积。

(3) 确定许可载荷 已知杆件的材料及尺寸(即已知 $[\sigma]$ 及 A),可按式 (5-8) 计算此杆所能承受的最大轴力为

$$N \leqslant A[\sigma] \tag{5-10}$$

从而确定此结构的承载能力。

【例 5-4】 如图 5-20(a)所示为一手动螺杆压力机,两侧立柱的直径 $d = 40$mm,材料的许用应力 $[\sigma] = 80$MPa,压力机的最大压力 $F_{max} = 50$kN。试校核立柱的强度。

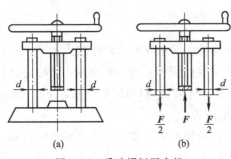

图 5-20 手动螺杆压力机

解 （1）确定立柱的轴力　螺杆受压力 F 作用时，使左右两立柱受轴向拉力作用。立柱所受力与螺杆所受力组成一平衡力系。如图 5-20（b）所示。由截面法可求得二立柱所受轴力为

$$N=\frac{F}{2}$$

即

$$N_{max}=\frac{F_{max}}{2}=\frac{50\text{kN}}{2}=25\text{kN}$$

（2）校核立柱的强度　立柱的横截面面积

$$A=\frac{\pi}{4}d^2=1257\text{mm}^2$$

由式（5-8）得

$$\sigma_{max}=\frac{N_{max}}{A}=\frac{25\times10^3}{1257}=19.9\text{MPa}<[\sigma]$$

故立柱满足强度要求。

【例 5-5】 某冷锻机的曲柄滑块机构如图 5-21（a）所示。锻压工作时，连杆接近水平位置，锻压力 $F=3780\text{kN}$。连杆横截面为矩形，高与宽之比 $h/b=1.4$［图 5-21（b）］，材料为 45 钢，许用应力 $[\sigma]=90\text{MPa}$，试设计截面尺寸 h 和 b。

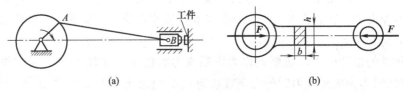

图 5-21 曲柄滑块机构

解　由于锻压时连杆位于水平，连杆所受压力等于锻压力 F，轴力为

$$N=F=3780\text{kN}$$

由式（5-9）得

$$A\geqslant\frac{N}{[\sigma]}=\frac{3780\times10^3}{90}=42000\text{mm}^2$$

连杆为矩形截面，所以

$$A=b\times h\geqslant42\times10^3\text{mm}^3$$

已知 $h=1.4b$，代入上式得

$$1.4b^2\geqslant42\times10^3\text{mm}$$

解之，得

$$b\geqslant173\text{mm}$$
$$h\geqslant1.4b=1.4\times173\text{mm}=242\text{mm}$$

可选用

$$b=175\text{mm}\quad h=245\text{mm}$$

【例 5-6】 图 5-22（a）所示为一钢木结构。AB 为木杆，其截面积 $A_{AB}=10\times10^3\text{mm}^2$，许用压应力 $[\sigma]_{AB}=7\text{MPa}$；$BC$ 为钢杆，其截面积 $A_{BC}=600\text{mm}^2$，许用应力 $[\sigma]_{BC}=160\text{MPa}$。试求 B 处可吊的最大许可载荷 F。

解 （1）受力分析　A、B、C 三处均为铰支 [图 5-22（a）] AB、BC 杆为二力杆件。

取销钉 B 为研究对象，受力如图 5-22（b）所示。由平衡条件可求得 N_{BC} 及 N_{AB} 与载荷 F 间的关系为

$$\sum F_y = 0 \quad N_{BC}\sin30° - F = 0$$

由此得

$$N_{BC} = \frac{F}{\sin30°} = 2F$$

$$\sum F_x = 0 \quad N_{AB} - N_{BC}\cos30° = 0$$

由此得

$$N_{AB} = N_{BC}\cos30° = 2F\frac{\sqrt{3}}{2} = \sqrt{3}F$$

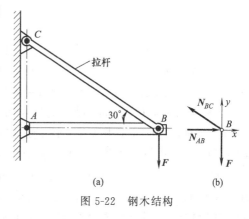

图 5-22　钢木结构

（2）求最大许可载荷　由式（5-10）得木杆的许可内力为

$$N_{AB} \leqslant A_{AB}[\sigma]_{AB}$$

即

$$\sqrt{3}F \leqslant 10 \times 10^3 \times 7$$

所以

$$F \leqslant 40.4 \times 10^3 \text{N}$$

钢杆的许可内力为

$$N_{BC} \leqslant A_{BC}[\sigma]_{BC}$$

即

$$2F \leqslant 600 \times 160$$

所以

$$F \leqslant 48 \times 10^3 \text{N}$$

因此，为保证此结构安全，B 点处可吊的最大许可载荷为

$$[F] = 40.4\text{kN} \approx 40\text{kN}$$

（3）讨论　如 B 点承受载荷 $F = [F] = 40\text{kN}$，这时木杆的应力恰等于材料的许用应力，即 $\sigma_{AB} = [\sigma]_{AB} = 7\text{MPa}$；但钢杆的强度则有多余，可以减小一些尺寸，请读者自行设计计算（答：$A_{BC} = 500\text{mm}^2$）。

课题九　应力集中的概念

上面所应用的应力计算公式，对于受轴向拉伸（压缩）的等截面杆或截面逐渐改变的杆件，在离开外力作用点一定距离的截面上是适用的。但是，工程上有一些构件，由于结构和工艺等方面的需要，往往制成阶梯形杆，或在杆上带有沟槽、圆孔、台肩或螺纹等，构件在这些部分的截面尺寸往往发生急剧的改变，而构件也往往在这些地方开始发生破坏。大量研究表明，在构件截面突变处的局部区域内，应力急剧增加；而离开这个区域稍远处，应力又逐渐趋于缓和，如图 5-23 所示。这种因横截面形状尺寸突变而引起局部应力增大的现象，称为应力集中。

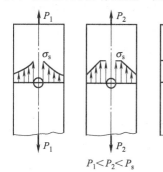

图 5-23　应力集中

应力集中处的 $\sigma_{\max}$ 与该截面上的平均应力 σ_m 之比，称为理论应力集中系数，以 K 表示。即

$$K = \frac{\sigma_{\max}}{\sigma_{\mathrm{m}}}$$

K 是一个应力比值，与材料无关。它反映了杆在静载荷下应力集中的程度，是一个大于 1 的系数，主要通过实验方法来测定，在工程设计手册等资料中有图表可查。大量分析表明，构件的截面尺寸改变得越急剧，切口尖角越小，应力集中的程度就越严重。

各种材料对应力集中的敏感程度并不相同。低碳钢等塑性材料因有屈服阶段存在，当局部的最大应力到达屈服点时，将发生塑性变形，应力基本不再增加。当外力继续增加时，处在弹性变形的其他部分的应力继续增长，直至整个截面上的应力都达到屈服点时，才是杆的极限状态。所以，材料的塑性具有缓和应力集中的作用。由于脆性材料没有屈服阶段，当应力集中处的最大应力 $\sigma_{\max}$ 达到 σ_b 时，杆件就会在该处首先开裂，所以应考虑应力集中的影响。但铸铁等类组织不均匀的脆性材料，由于截面尺寸急剧改变而引起的应力集中对强度的影响并不敏感。

综上所述，研究构件静载下的承载能力，可以不计应力集中的影响。但对于在冲击载荷或在周期性变化的交变应力作用下的构件，应力集中对各种材料的强度都有较大的影响，往往是导致构件破坏的根本原因，必须予以重视。

课题十　连接件的实用计算

螺栓、销钉、铆钉是工程中连接构件的常用元件，简称连接件；焊接是工程中常用的构件连接方式。连接处的应力具有局部应力的性质，其应力分布比较复杂难于作精确分析，工程上通常采用一些假定给出简单公式以计算其应力。为保证连接安全，同时以相同受力方式进行模拟试验，并采取计算方法确定其破坏应力，考虑一定的安全系数，以确定许用应力。

一、剪切的实用计算

如图 5-24 所示的吊钩，链环与拉杆之间用销钉连接。如图 5-25（a）画出了销钉的受力简图。销钉的受力长度 $2t$ 和其直径 d 相比并不是很大，因而销钉的弯曲变形很小，其主要变形是沿受剪面 m—m 和 n—n 发生错动。图 5-25（b）画出了受剪面 m—m 附近的错动情况。这种相邻截面间的互动错动称为剪切变形，受剪面 n—n 附近的错动与此类似。首先利用截面法求受剪面上出现的内力。将销钉假想沿 m—m 切开，考虑左部 [图 5-25（c）]，由于左段受有向下的力 $F/2$，所以右段给左段的作用力是位于截面 m—m 之内的力 Q，此力称为剪力。由图 5-25（c）的平衡得出 $Q = F/2$。此剪力 Q 是截面 m—m 上切应力 τ 合成的结果。n—n 截面上的剪力 Q 也等于 $F/2$，因为销钉受力是对称的 [图 5-25（a）]。销钉是一种短粗零件，由于受剪面附近的变形极为复杂，切应力 τ 在截面上的分布规律很难确定，因此工程上为简化计算，假设切应力 τ 在受剪面上均匀分布。以 A 表示受剪面的面积，则

$$\tau = \frac{Q}{A} \tag{5-11}$$

这里 $A = \pi d^2 / 4$，d 为销钉直径。为保证销钉不被剪断，必须使受剪面上切应力不超过材料的许用切应力 $[\tau]$。于是剪切强度条件为

$$\tau = \frac{Q}{A} \leqslant [\tau] \tag{5-12}$$

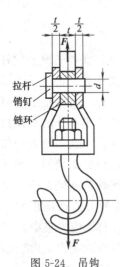

图 5-24　吊钩

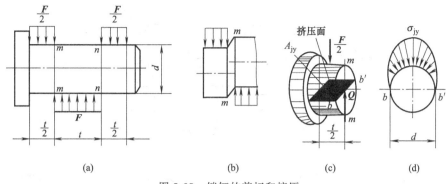

图 5-25 销钉的剪切和挤压

许用切应力要通过材料剪切试验来确定。试验时试样的形状和受力情况就像吊钩销钉那样,把试样放在试验机上加力,直到剪断。根据破坏载荷用式 (5-11) 算出剪断时的切应力,即为剪切强度极限 τ_b,再将 τ_b 除以安全系数,即得该种材料的许用切应力 $[\tau]$。对于钢材,在工程上常取 $[\tau]=(0.75\sim0.8)[\sigma]$,$[\sigma]$ 是钢材许用拉应力。

二、挤压的实用计算

连接件在发生剪切变形的同时,连接件与被连接件的接触面相互作用而压紧,从而出现局部变形,这种现象称为挤压变形。挤压力过大时,在接触面的局部范围内将发生塑性变形或被压溃,所以对连接件除了进行剪切计算外,还要作挤压计算。图 5-25 (c) 画出的销钉左段,它的上半个圆柱面同拉杆圆孔表面相互挤压着,这部分表面称为挤压面。挤压面上每点处单位面积的挤压力称为挤压应力 σ_{jy},其方向垂直挤压面。挤压应力沿半圆周的分布大致如图 5-25 (d) 所示。为保证销钉和拉杆在挤压面处不产生显著的塑性变形 (如拉杆孔由圆变成椭圆),要求挤压应力不超过许用压力应力 $[\sigma_{jy}]$。在工程上,对于圆柱面挤压,采用过圆柱的直径截面面积作为挤压面积 A_{jy},并且假定挤压面积上的挤压应力是均匀分布的。于是挤压强度条件为

$$\sigma_{jy}=\frac{F_{jy}}{A_{jy}}\leqslant[\sigma_{jy}] \tag{5-13}$$

式中,F_{jy} 为挤压力。对于销钉左段 $A_{jy}=dt/2$,$F_{jy}=F/2$;销钉中段 $A_{jy}=dt$,$F_{jy}=F$。许用挤压应力 $[\sigma_{jy}]$ 应根据试验来确定。对于钢材,大致可取 $[\sigma_{jy}]=(1.7\sim2.0)[\sigma]$,这里 $[\sigma]$ 是钢材的拉伸许用应力。如果销钉与被连接件的材料不同,$[\sigma_{jy}]$ 应按抵抗挤压能力较弱者选取。

三、焊缝的实用计算

对于主要承受剪切的焊接焊缝,如图 5-26 所示,假定沿焊缝的最小断面即焊缝最小剪切面发生破坏,并假定切应力在剪切面上是均匀分布的。若一侧焊缝的剪力 $Q=F/2$,于是,焊缝的剪切强度条件为

$$\tau=\frac{Q}{A}=\frac{Q}{\delta l\cos45°}\leqslant[\tau] \tag{5-14}$$

式中,$[\tau]$ 为由实物试验计算得到的破坏应力,再除以安全系数得到的许用焊缝切应力。

【例 5-7】 图 5-27 所示为一传动轴,直径 $d=50$mm,用平键传递力偶 $M=720$N·m。已知键的材料为 Q275,许用切应力 $[\tau]=110$MPa,许用挤压应力 $[\sigma_{jy}]=250$MPa。试选

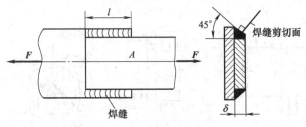

图 5-26 焊缝剪切面

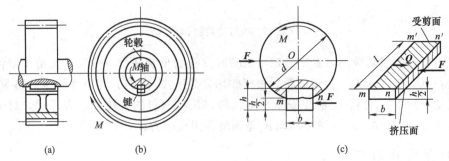

图 5-27 传动轴的键连接

择平键,并校核其强度。

解 由机械零件手册,根据 $d=50$ mm 选出平键宽度 $b=16$ mm,高度 $h=10$ mm,长度 $l=45$ mm。

(1) 求外力 将键与轴从图 5-27 (a) 中取出,如图 5-27 (b) 所示,轮毂给键的作用力为 F,由 $\sum M_O = 0$ 得

$$M - F\frac{d}{2} = 0$$

$$F = \frac{2M}{d} = \left(\frac{2 \times 720}{5 \times 10^{-2}}\right)\text{N} = 28800\text{N}$$

这里 F 到轴心 O 的距离近似取为 $d/2$。

(2) 剪切强度校核 键的 $mnn'm'$ 截面为受剪面 [图 5-27 (c)],该面上的剪力 $Q=F=28800$N,受剪面面积 $A=bl$,于是

$$\tau = \frac{Q}{A} = \left(\frac{28800}{16 \times 45}\right)\text{MPa} = 40\text{MPa} < 110\text{MPa}$$

(3) 挤压强度校核 挤压力 $F_{jy}=F$,挤压面面积 $A_{jy}=lh/2$ [图 5-27 (c)],于是

$$\sigma_{jy} = \frac{F_{jy}}{A_{jy}} = \left(\frac{28800}{45 \times 10} \times 2\right)\text{MPa} = 128\text{MPa} < 250\text{MPa}$$

校核结果,键的剪切和挤压强度都富裕很多,键的尺寸还可以取小些。但由于键和键槽的尺寸都已标准化,长度 l 已取为标准中的最小值,就不再改变键的尺寸了。

【例 5-8】 如图 5-28 (a) 所示,两轴以凸缘相连接,沿直径 $D=150$mm 的圆周上对称地分布着四个连接螺栓来传递力偶 M。已知 $M=2500$N·m,凸缘厚度 $h=10$mm,螺栓材料为 Q235 钢,许用拉应力 $[\sigma]=105$MPa。试设计螺栓直径。

解 (1) 螺栓受力分析 因螺栓对称排列,故每个螺栓受力相同。假想沿凸缘接触面切

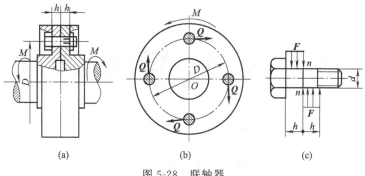

图 5-28 联轴器

开，考虑右边部分的平衡 [图 5-28（b）]，由 $\sum M_O=0$，

$$M-4\times Q\times \frac{D}{2}=0$$

$$Q=\frac{M}{2D}=\left(\frac{2500\times 10^3}{2\times 150}\right)N=8330N$$

Q 为螺栓受剪面 n—n 的剪力 [图 5-28（c）]。凸缘传给螺栓的作用力 $F=Q$。

(2) 设计螺栓直径　根据剪切许用应力 $[\tau]=(0.75\sim 0.8)[\sigma]$，取 $[\tau]=80MPa$

$$\tau=\frac{Q}{A}=\frac{8330}{\frac{\pi}{4}d^2}MPa\leqslant 80MPa$$

$$d\geqslant 11.5mm$$

螺栓承受的挤压力 $F_{jy}=F=8330N$，挤压面面积 $A_{jy}=hd$，根据挤压许用应力 $[\sigma_{jy}]=(1.7\sim 2.0)[\sigma]$，选取 $[\sigma_{jy}]=200MPa$，于是

$$\sigma_{jy}=\frac{F_{jy}}{A_{jy}}=\frac{8330}{10\times d}MPa\leqslant 200MPa$$

$$d\geqslant 4.17mm$$

应根据较大的 d 值来选择螺栓直径。按标准选 M14 的螺栓（其内径为 11.8mm）即可。

【例 5-9】 图 5-26 所示两块钢板搭接焊在一起，钢板 A 的厚度 $\delta=80mm$，已知 $F=150kN$，焊缝的许用切应力 $[\tau]=108MPa$，试求焊缝抗剪所需的长度 l。

解　在图 5-26 所示的受力情形下，焊缝主要承受剪切，由焊缝的剪切强度条件

$$\tau=\frac{Q}{A}=\frac{Q}{\delta l\cos 45°}\leqslant [\tau]$$

得

$$l\geqslant \frac{Q}{2\delta \cos 45°[\tau]}=\frac{150\times 10^3}{2\times 80\times 0.707\times 108}=123mm$$

考虑到在工程中开始焊接和焊接终了时的那两段焊缝有可能未焊透，实际焊缝的长度应稍大于计算长度，一般应在由强度计算得到的长度上再加上 2δ，δ 为钢板厚度，故该焊缝长度可取为 $l=140mm$。

习 题

一、判断题

1. 强度是构件抵抗破坏的能力。（　）
2. 刚度是构件抵抗变形的能力。（　）
3. 材料力学的任务是尽可能使构件安全地工作。（　）
4. 材料力学主要研究弹性范围内的小变形情况。（　）
5. 因为构件是变形固体，在研究构件的平衡时，应按变形后的尺寸进行计算。（　）
6. 构件的基本变形只是拉（压）、剪切、扭转和弯曲四种，若还有另一种变形必定是这四种变形的某种组合。（　）
7. 杆件所受到的轴力越大，横截面上的应力越大。（　）
8. 轴力图可显示出杆件各段内横截面上轴力的大小，但并不能反映杆件各段变形是伸长还是缩短。（　）
9. 用截面法求内力时，可以保留截开后构件的任一部分进行平衡计算。（　）
10. 轴向拉伸或压缩横截面上的应力一定垂直于横截面。（　）
11. 工程上通常把断后伸长率 $\delta \geqslant 10\%$ 的材料称为塑性材料。（　）
12. 在强度计算中，塑性材料的极限应力是指比例极限，而脆性材料的极限应力是指强度极限。（　）
13. 因横截面形状、尺寸突变而引起局部应力增大的现象称为应力集中。（　）
14. 挤压的实用计算中，挤压面积一定等于实际接触面积。（　）
15. 用剪刀剪的纸张和用菜刀切的蔬菜，均受到了剪切破坏。（　）
16. 剪切的实用计算中，构件剪切面上实际的切应力是均匀分布的。（　）

二、选择题

1. 各向同性假设认为物体沿各个方向的_____都是相同的。
   A. 力学性质　　　　　B. 外力　　　　　C. 变形
2. 构件的强度、刚度和稳定性与_____。
   A. 材料的力学性质有关　　B. 构件的形状尺寸有关　　C. 两者都有关
3. 试样拉伸过程中，进入屈服阶段以后，材料发生_____变形。
   A. 弹性　　　　　　B. 塑性　　　　　　C. 线弹性
4. 材料力学中求内力的普遍方法是_____。
   A. 几何法　　　　　B. 解析法　　　　　C. 截面法
5. 设一阶梯形杆的轴力沿杆轴是变化的，则发生破坏的截面上_____。
   A. 外力一定最大，且面积一定最小
   B. 轴力一定最大，且面积一定最小
   C. 轴力与面积之比一定最小
6. 为确保构件安全工作，其最大工作应力必须小于或等于材料的_____。
   A. 正应力　　　　　B. 极限应力　　　　C. 许用应力

7. 低碳钢拉伸试样的应力-应变曲线大致可分为四个阶段,这四个阶段是_____。
A. 弹性阶段、塑性阶段、屈服阶段、缩颈阶段
B. 弹性阶段、屈服阶段、强化阶段、缩颈阶段
C. 弹性阶段、屈服阶段、硬化阶段、缩颈阶段

8. 拉伸试验时,将试样拉伸到强化阶段卸载,则拉伸曲线要沿着_____卸载至零。
A. 原来的拉伸曲线
B. 近乎平行于弹性阶段的斜直线
C. 任意一条曲线

三、综合题

1. 用截面法求图 5-29 所示杆件各段的内力,并作轴力图。

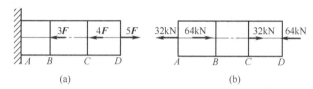

图 5-29 题三、1 图

2. 求图 5-30 所示等直杆横截面 1—1、2—2 和 3—3 上的轴力,并作轴力图。如横截面面积 $A=440\text{mm}^2$,求各横截面上的应力。

3. 图 5-31 所示为一低碳钢制作的阶梯圆杆,已知 $F=10\text{kN}$,$d_1=2d_2=30\text{mm}$,$l_1=l_2=0.5\text{m}$,设材料的弹性模量 $E=200\text{GPa}$。试求杆的总伸长量。

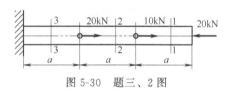

图 5-30 题三、2 图

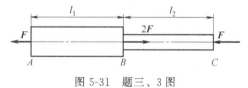

图 5-31 题三、3 图

4. 如图 5-32 所示,用绳索吊运一重 $G=20\text{kN}$ 的重物。设绳索的横截面面积 $A=1260\text{mm}^2$,许用应力 $[\sigma]=10\text{MPa}$,试问:

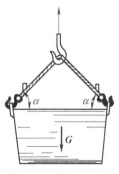

图 5-32 题三、4 图

(1) 当 $\alpha=45°$时,绳索强度是否够用?
(2) 如改为 $\alpha=60°$,再校核绳索的强度。

5. 悬臂吊车结构如图 5-33 所示,最大起重量 $G=20\text{kN}$、AB 杆为 Q235 圆钢,$[\sigma]=$

120MPa，试设计 AB 杆直径 d。

6. 如图 5-34 结构所示的 AB 杆为钢杆，其横截面面积 $A_1=600\text{mm}^2$，许用应力 $[\sigma]=$ 140MPa，BC 杆为木杆，横截面积 $A_2=300\times10^2\text{mm}^2$，许用压应力 $[\sigma]=3.5\text{MPa}$。试求最大许可载荷 $F_{\max}$。

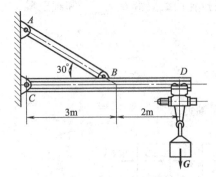

图 5-33　题三、5 图

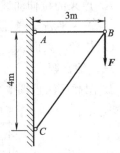

图 5-34　题三、6 图

7. 图 5-35 所示为一螺栓连接。已知 $F=200\text{kN}$，厚度 $t=20\text{mm}$，钢板与螺栓材料相同，其许用切应力 $[\tau]=80\text{MPa}$，许用挤压应力 $[\sigma_{ij}]=200\text{MPa}$。试求螺栓所需的直径 d。

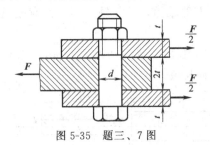

图 5-35　题三、7 图

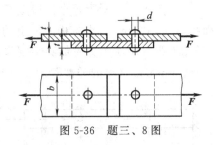

图 5-36　题三、8 图

8. 图 5-36 所示钢板用铆钉连接，钢板厚度 $t=10\text{mm}$，宽度 $b=100\text{mm}$，铆钉直径 $d=17\text{mm}$，钢板与铆钉材料相同，其许用应力 $[\sigma]=160\text{MPa}$，$[\tau]=120\text{MPa}$，$[\sigma_{jy}]=320\text{MPa}$，$F=25\text{kN}$。试校核该结构的强度。

单元六 圆轴扭转

杆的两端承受大小相等、方向相反、作用平面垂直于杆件轴线的两个力偶,杆的任意两横截面将绕轴线相对转动,这种受力与变形形式称为扭转。汽车的主传动轴和方向盘的操纵杆、各种机械的传动轴、钻头、钻杆等构件主要承受扭转变形。工程中将主要承受扭转变形的杆件通常称为轴。

课题一　圆轴扭转时的内力

一、外力偶矩的计算

在工程实际中,常常是并不直接给出外力偶矩的大小,只给出轴所传递的功率和轴的转速,则外力偶矩的计算公式为

$$M = 9550 \frac{P}{n} \tag{6-1}$$

式中　M——外力偶矩,N·m;
　　　P——轴传递的功率,kW;
　　　n——轴的转速,r/min。

二、扭矩和扭矩图

当作用于轴上的所有外力偶矩都求出后,即可用截面法研究横截面上的内力。

如图 6-1（a）所示的圆轴,假想将圆轴沿截面 1—1 截分为两段,研究其任一段,例如左段 [图 6-1（b）] 的平衡。由

$$\sum M_x = 0 \quad M - T = 0$$

得　　　　　　$T = M$

式中,T 为截面 1—1 上使左段保持平衡的内力偶矩,称为扭矩。

同理,如以右段为研究对象 [图 6-1（c）],也可求出截面 1—1 上的扭矩 T,其数值仍为 M,但其转向则与图 6-1（b）中所示相反。为使左右两侧扭

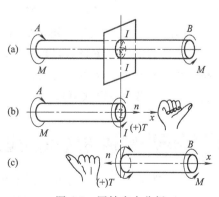

图 6-1　圆轴内力分析

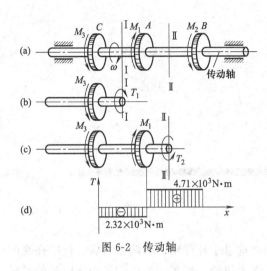

图 6-2 传动轴

矩具有相同的符号,将扭矩的符号作如下规定:按右手螺旋法则,用右手的四指表示扭矩的转向,当拇指的指向与截面的外法线方向一致时为正,相反为负。因此,图 6-1 (b)、(c) 所示的扭矩 T 分别为负和正。

若作用于轴上的外力偶矩多于两个,则往往用图线形象地表示截面上的扭矩沿轴线变化的情况。如以横坐标 x 表示横截面位置,取扭矩为纵坐标,这样绘成的图形称为扭矩图。

【例 6-1】 一等直圆截面传动轴如图 6-2 (a) 所示。其转速 n 为 300r/min,主动轮 A 的输入功率 $P_1=221$kW,从动轮 B、C 的输出功率分别为 $P_2=148$kW,$P_3=73$kW,试求轴上各截面的扭矩,并作扭矩图。

解 (1) 计算各轮上的外力偶矩

$$M_1 = 9550\frac{P_1}{n} = \left(9550 \times \frac{221}{300}\right)\text{N·m} = 7.03 \times 10^3 \text{N·m} = 7.03\text{kN·m}$$

$$M_2 = 9550\frac{P_2}{n} = \left(9550 \times \frac{148}{300}\right)\text{N·m} = 4.71 \times 10^3 \text{N·m} = 4.71\text{kN·m}$$

$$M_3 = 9550\frac{P_3}{n} = \left(9550 \times \frac{73}{300}\right)\text{N·m} = 2.32 \times 10^3 \text{N·m} = 2.32\text{kN·m}$$

(2) 应用截面法并根据平衡条件,计算各段内的扭矩 在 AC 段内 [图 6-2 (b)],以 T_1 表示截面 1—1 上的扭矩,并假定 T_1 的方向如图所示。由

$$\sum M_x = 0$$

得 $T_1 = M_3 = 2.32\text{kN·m}$

按符号规定,此 T_1 [图 6-2 (b)] 应为负号。若 T_1 的计算结果为负值,画扭矩图时扭矩应改变符号。在 AC 段内各截面上的扭矩不变,所以在这一段内,扭矩为一水平线,如图 6-2 (d) 所示。

同理,在 AB 段内 [图 6-2 (c)] 由

$$\sum M_x = 0, M_3 - M_1 + T_2 = 0$$

得 $T_2 = M_3 - M_1 = (7.03 - 2.32)\text{kN·m} = 4.71\text{N·m}$

T_2 结果为正,按符号规定,图 6-2 (c) 的扭矩转向为正值。

(3) 画扭矩图 按照上列数据,把各截面上扭矩沿轴线变化的情况,用图 6-2 (d) 所示扭矩图表示出来。从图中可以看出最大扭矩值($|T|_{\max}=4.71\text{kN·m}$)及其所在截面的位置(AB 段内的各横截面)。

课题二 圆轴扭转时的应力和强度计算

通过实验和理论推导得知:圆轴扭转时横截面上只产生切应力,而横截面上各点切应力 τ_ρ 的大小与该点到圆心的距离 ρ 成正比,方向与半径相垂直。因此,所有距圆心等距的点,

其切应力均相同,圆心处的切应力为零,在圆轴表面上各点的切应力最大,如图 6-3 所示。

可以导出横截面上距圆心为 ρ 的任一点处切应力计算公式为

$$\tau_\rho = \frac{T\rho}{I_P} \quad (6-2)$$

式中,T 为横截面上的扭矩;ρ 为横截面上任一点到圆心的距离;I_P 为横截面对形心的极惯性矩 $\left(I_P = \int_A \rho^2 \, dA\right)$。

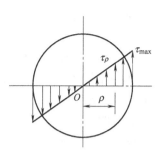

图 6-3 切应力分布规律

显然,在截面的周边上,即当 $\rho = \rho_{\max} = \dfrac{D}{2}$ 时,切应力最大,即

$$\tau_{\max} = \frac{TD}{I_P 2} = \frac{T}{I_P / \left(\dfrac{D}{2}\right)}$$

令 $W_P = \dfrac{I_\rho}{\rho_{\max}} = \dfrac{I_P}{D/2}$,于是上式可改写为

$$\tau_{\max} = \frac{T}{W_P} \quad (6-3)$$

式中,W_P 为抗扭截面系数。

截面的极惯性矩 I_P 和抗扭截面系数 W_P 都是与截面形状和尺寸有关的几何量。工程中承受扭转变形的圆轴常采用实心圆轴和空心圆轴两种形式,其截面如图 6-4 所示。它们的 I_P 和 W_P 的计算公式如下:

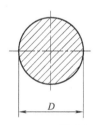 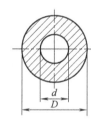

图 6-4 圆轴的截面

(1) 实心圆轴

$$I_P = \frac{\pi D^4}{32} \approx 0.1 D^4 \quad (6-4)$$

$$W_P = \frac{I_P}{D/2} = \frac{\pi D^3}{16} \approx 0.2 D^3 \quad (6-5)$$

(2) 空心圆轴

$$I_P = \frac{\pi D^4}{32} - \frac{\pi d^4}{32} = \frac{\pi D^4}{32}(1-\alpha^4) \approx 0.1 D^4 (1-\alpha^4) \quad (6-6)$$

$$W_P = \frac{I_P}{D/2} = \frac{\pi D^3}{16}(1-\alpha^4) \approx 0.2 D^3 (1-\alpha^4) \quad (6-7)$$

为了使受扭的圆轴能正常工作,必须使工作时的最大切应力 $\tau_{\max}$ 不超过材料的许用应力。所以扭转强度条件为

$$\tau_{\max} = \frac{T_{\max}}{W_P} \leqslant [\tau] \quad (6-8)$$

对于阶梯轴,因为 W_P 各段不同,$\tau_{\max}$ 不一定发生在 $|T|_{\max}$ 所在截面上。因此,必须综合考虑 W_P 及 T 两个因素来确定 $\tau_{\max}$。

$[\tau]$ 为材料的许用切应力,由实验确定,在静载荷作用下,材料在扭转时的力学性质和拉伸时的力学性质之间有一定关系,因而可由材料的 $[\sigma]$ 值来确定上式中的 $[\tau]$ 值。

对于塑性材料,$[\tau] = (0.5 \sim 0.7)[\sigma]$;对于脆性材料,$[\tau] = (0.8 \sim 1)[\sigma]$。

轴类零件由于考虑到动载荷等因素的影响，所取的许用应力一般比静载荷下的许用应力要低些。

扭转截面系数 W_P 的量纲是长度的三次方，常用的单位为 mm^3 或 m^3。

【例 6-2】 已知解放牌汽车传动轴传递的最大扭矩 $T=1930\text{N}\cdot\text{m}$，传动轴用外径 $D=89\text{mm}$，壁厚 $\delta=2.5\text{mm}$ 的无缝钢管做成。材料为 20 钢，其许用应力 $[\tau]=70\text{MPa}$。试校核轴的强度。

解 （1）计算抗扭截面系数　由
$$D=89\text{mm},\ \delta=2.5\text{mm}$$
$$d=89\text{mm}-5\text{mm}=84\text{mm}$$
$$\alpha=\frac{d}{D}=0.945$$

得
$$W_P=0.2D^3(1-\alpha^4)=0.2\times89^3\times(1-0.945^4)\text{mm}^3=2.9\times10^4\text{mm}^3$$

（2）强度校核　由强度条件式（6-5）得
$$\tau_{\max}=\frac{T}{W_P}=\frac{1930\times10^3}{2.9\times10^4}=66.6\text{MPa}<[\tau]=70\text{MPa}$$

所以该轴的强度是足够的。

此例中，如果传动轴不用空心钢管而用实心圆轴，并使其与钢管有同样的强度（即两者的最大切应力相同），则由

$$\tau_{\max}=\frac{T}{W_P}=\frac{T}{0.2D_1^3}$$

可得
$$D_1=\sqrt[3]{\frac{T}{0.2\tau_{\max}}}=\sqrt[3]{\frac{1930\times10^3}{0.2\times66.6}}=53\text{mm}$$

此时，空心轴与实心轴的截面面积之比为

$$\frac{A_{空}}{A_{实}}=\frac{\frac{\pi}{4}(D^2-d^2)}{\frac{\pi}{4}D_1^2}=\frac{89^2-84^2}{53^2}=0.303$$

可见，在其他条件相同的情况下，实心轴的重量超过空心轴。因此，空心轴的材料消耗较少。这个现象也可用扭转理论所提供的应力分布规律来解释。从图 6-5 可见，实心轴中心部分的材料受到的切应力很小，所以，这部分材料没有充分发挥它的作用。然而，杆件截面是否合理，一方面要从强度、刚度因素来考虑，同时也要从加工的工艺性和制造成本等方面来考虑。此外，空心轴的壁厚也不能过薄，否则会发生局部皱折而丧失其承载能力（即丧失稳定）。

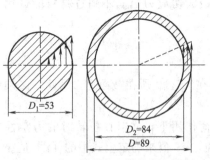

图 6-5　实心轴和空心轴的应力分布

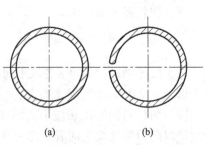

图 6-6　开口空心轴

值得注意的是，若将空心轴［图 6-6（a）］沿轴线方向切开［图 6-6（b）］，则其扭转的承载能力将大为降低。所以，工程上一般避免将承受扭转的空心轴制成开口形状。

课题三　圆轴扭转时的变形和刚度计算

机器中的某些轴类零件，除应满足强度要求外，对其变形还有一定要求，即轴的扭转变形不应超过一定限度。例如，机床主轴若产生过大变形，工作时不仅会产生振动，降低机床使用寿命，还会严重影响工件的加工精度。对于精密机械，刚度要求往往起着主要作用。因此，变形及刚度问题也是圆轴设计所关心的一个重要问题。

一、圆轴扭转时的变形

圆轴扭转时的变形，一般用两个横截面间绕轴线的相对转角即扭转角 φ 来表示。如图 6-7 所示。

通过圆轴扭转实验证明，等截面圆轴的扭转角 φ 与轴的长度 l 以及扭矩 T 成正比，与截面的极惯性矩 I_P 成反比，引入比例系数 G，则有

$$\varphi = \frac{Tl}{GI_P} \tag{6-9}$$

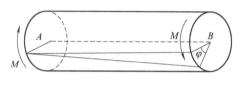

图 6-7　轴的扭转变形

式中，G 为材料的切变模量，其值可由试验测得，单位为 GPa。从式中可知，当轴的长度 l 和扭矩 T 一定时，GI_P 越大，扭转角 φ 就越小。GI_P 反映了圆轴抵抗扭转变形的能力，称为圆轴的抗扭刚度。

对于阶梯状的圆轴以及扭矩分段变化的等截面圆轴，须分段计算相对扭转角，然后求代数和，即可求得全轴长度上的扭转角。

二、圆轴扭转时的刚度计算

从式（6-9）可以看出，φ 的大小与 l 的长短有关。l 越大，产生的扭转角就越大，因而不能用扭转角来衡量扭转变形的程度。为了消除长度 l 的影响，工程中采用单位长度相对扭转角 θ（简称单位扭转角）来度量扭转变形程度。即

$$\theta = \frac{\varphi}{l} = \frac{T}{GI_P}$$

式中 θ 单位为弧度（rad），工程中经常用（°）作扭转角的单位，$1\text{rad} = \dfrac{180°}{\pi}$，所以

$$\theta = \frac{T}{GI_P} \times \frac{180°}{\pi} \tag{6-10}$$

工程中，圆轴受扭时，要求其单位扭转角 θ 不超过规定的许用单位扭转角 $[\theta]$（(°)/m），故圆轴扭转时的刚度条件为

$$\theta = \frac{T}{GI_P} \times \frac{180°}{\pi} \leqslant [\theta] \tag{6-11}$$

许用单位扭转角 $[\theta]$ 的数值是根据设计要求定的，可从手册中查取，也可参考下列数据：

对精密机械的轴　　　　　　　$[\theta] = 0.15 \sim 0.50°/\text{m}$

一般传动轴　　　　　　　　　$[\theta]=0.5\sim1.0°/m$

精密度较低的轴　　　　　　　$[\theta]=1.0\sim2.5°/m$

【例 6-3】 某机器的传动轴如图 6-8（a）所示。转速 $n=300\mathrm{r/min}$，主动轮输入功率 $P_1=367\mathrm{kW}$，三个从动轮输出功率 $P_2=P_3=110\mathrm{kW}$，$P_4=147\mathrm{kW}$。试设计轴的直径。已知 $[\tau]=40\mathrm{MPa}$，$[\theta]=0.3°/m$，$G=80\mathrm{GPa}$。

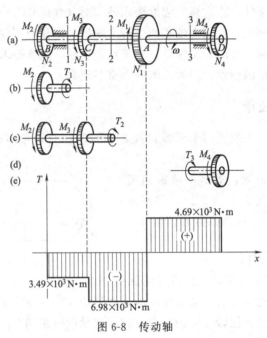

图 6-8　传动轴

解　（1）计算外力偶矩

$$M_1=9550\frac{P_1}{n}=9550\frac{367}{300}=11.67\times10^3\mathrm{N\cdot m}$$

$$M_2=M_3=9550\frac{P_2}{n}=3.49\times10^3\mathrm{N\cdot m}$$

$$M_4=9550\frac{P_4}{n}=4.69\times10^3\mathrm{N\cdot m}$$

（2）绘扭矩图

$$T_1=M_2=3.49\times10^3\mathrm{N\cdot m}（按符号规定为负扭矩）$$

$$T_2=M_2+M_3=6.98\times10^3\mathrm{N\cdot m}（按符号规定为负扭矩）$$

$$T_3=M_4=4.69\times10^3\mathrm{N\cdot m}（按符号规定为正扭矩）$$

从扭矩图 [图 6-8（e）] 上看出，危险截面上的最大扭矩（绝对值）为 $|T|_{\max}=6.98\times10^3\mathrm{N\cdot m}$。

（3）确定直径 d　按强度条件，利用式（6-8），得

$$d\geqslant\sqrt[3]{\frac{16|T|_{\max}}{\pi[\tau]}}=\sqrt[3]{\frac{16\times6.98\times10^6}{\pi\times40}}=96\mathrm{mm}$$

即根据强度要求，轴的直径应选 $d\geqslant96\mathrm{mm}$。

按照刚度条件，利用式（6-11），得

$$d \geqslant \sqrt[4]{\frac{|T|_{max} \times 180° \times 32}{G[\theta]\pi^2}} = \sqrt[4]{\frac{6.98 \times 10^3 \times 180° \times 32}{80 \times 10^9 \times 0.3 \times 3.14^2}} \text{ m} = 115 \text{mm}$$

即根据刚度要求，轴的直径应选 $d \geqslant 115$mm。

为了同时满足强度要求与刚度要求，最后选取轴的直径 $d = 115$mm。

习 题

一、判断题

1. 圆轴扭转时，各横截面绕其轴线发生相对转动。（　）
2. 只要在杆件两端作用两个大小相等、方向相反的力偶，杆件就会发生扭转变形。
（　）
3. 传递一定功率的传动轴的转速越高，其横截面上所受的扭矩就越大。（　）
4. 受扭杆件横截面上扭矩的大小，不仅与杆件所受外力偶矩的大小有关，而且与杆件横截面的形状、尺寸也有关。（　）
5. 只要知道了作用在受扭杆件某截面一侧（左侧或右侧）所有外力偶矩的代数和，就可以确定该横截面上的扭矩。（　）
6. 扭矩的正负号可按如下方法来规定：运用右手螺旋法则，四指表示扭矩的转向，当拇指指向与截面的外法线方向相同时扭矩为正，相反为负。（　）
7. 一空心圆轴在产生扭转变形时，截面外缘处具有全轴最大的切应力，而截面内缘处的切应力为零。（　）
8. 粗细和长短相同的二轴，一为钢轴，另一为铝轴，当受到相同的外力偶矩作用产生弹性扭转变形时，其横截面上最大切应力是相同的。（　）
9. 一内径为 d，外径为 D 的空心圆截面轴，其极惯性矩可由式 $I_P = \frac{\pi D^4}{32} - \frac{\pi d^4}{32}$ 计算，而抗扭截面系数则相应地可由式 $W_P = \frac{\pi D^3}{16} - \frac{\pi d^3}{16}$ 计算。（　）
10. 圆轴扭转时横截面上只存在切应力。（　）
11. 圆轴扭转时，横截面上切应力的大小沿半径呈线性分布，方向与半径垂直。（　）
12. 直径相同的两根实心轴，横截面上扭矩也相等，当两轴的材料不同时，其单位扭转角也不同。（　）
13. 两根实心圆轴在产生扭转变形时，其材料、直径及所受外力偶矩均相同，但由于两轴的长度不同，所以长轴的单位扭转角要大一些。（　）
14. 在材料和质量相同的情况下，等长的空心轴比实心轴的强度和刚度都高。（　）
15. 圆轴扭转的刚度条件是最大扭转角不得超过许用单位扭转角。（　）

二、选择题

1. 汽车传动主轴所传递的功率不变，当轴的转速降低为原来的二分之一时，轴所受的外力偶矩较之转速降低前将_____。

　　A. 增大一倍　　　　　　B. 减少一半　　　　　　C. 不改变

2. 如图 6-9 所示，左端固定的等直圆杆，在外力偶作用下发生扭转变形，根据已知各处的外力偶矩的大小，可知固定端截面处的扭矩大小和正负为_____。

A. 7.5N·m   B. 2.5N·m   C. -2.5N·m

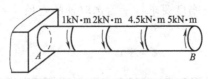

图 6-9　题二、2 图

3. 一轴上主动轮的外力偶矩为 M_A，从动轮的外力偶矩为 M_B 和 M_C。而且 $M_A = M_B + M_C$。开始将主动轮安装在两从动轮中间，随后使主动轮和一从动轮位置互换，这样变动的结果会使轴内的最大扭矩将_____。

A. 增大   B. 减小   C. 不变

4. 如图 6-10 所示，圆轴受扭，已知截面上 A 点的切应力为 5MPa，则 B 点的切应力为_____。

A. 5MPa   B. 10MPa   C. 15MPa

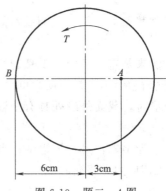

图 6-10　题二、4 图

5. 受扭转圆轴横截面上扭矩方向如图 6-11 中箭头所示，试分析图中的扭转切应力的分布_____是正确的。

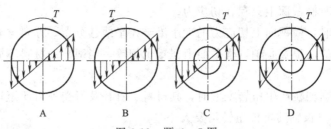

图 6-11　题二、5 图

6. 直径为 D 的实心圆轴，两端所受的外力偶矩为 M，轴的横截面上最大切应力为 τ。若轴的直径变为 $0.5D$，则轴的横截面上最大切应力应是_____。

A. 16τ B. 8τ C. 4τ

7. 实心圆轴受扭，当轴的直径减小一半时，其扭转角 φ 则为原来轴扭转角的_____。

A. 16 倍   B. 8 倍   C. 4 倍

8. 等截面圆轴扭转时的单位扭转角为 θ，若圆轴的直径增大一倍，则单位扭转角将变为_____。

A. $\dfrac{\theta}{16}$ B. $\dfrac{\theta}{8}$ C. $\dfrac{\theta}{4}$

9. 直径和长度相同而材料不同的圆轴，在相同扭矩作用下，它们的_____。

A. 最大切应力相同，扭转角相同

B. 最大切应力相同，扭转角不同

C. 最大切应力不同，扭转角不同

10. 校核某低碳钢主轴的扭转刚度时，发现单位扭转角超过了许用单位扭转角，为了保证轴的扭转刚度，最有效的措施是_____。

A. 改用合金钢 B. 减小轴的长度 C. 增大轴的直径

三、计算题

1. 一传动轴如图 6-12 所示，已知 $M_A = 300\text{N} \cdot \text{m}$，$M_B = 130\text{N} \cdot \text{m}$，$M_C = 100\text{N} \cdot \text{m}$，$M_D = 70\text{N} \cdot \text{m}$，画出扭矩图。

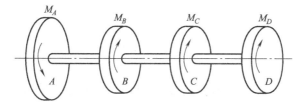

图 6-12　题三、1 图

2. 如图 6-13 所示实心轴通过牙嵌离合器把功率传给空心轴。传递的功率 $P = 7.5\text{kW}$，轴的转速 $n = 100\text{r/min}$，试选择实心轴直径 d_1 和空心轴外径 D_2。已知 $d_2/D_2 = 0.5$，$[\tau] = 40\text{MPa}$。

3. 一传动轴传动功率 $P = 3\text{kW}$，转速 $n = 27\text{r/min}$，材料为 45 钢，许用切应力 $[\tau] = 40\text{MPa}$，试计算轴的直径。

4. 一钢制传动轴，受扭矩 $T = 4\text{kN} \cdot \text{m}$，轴的切变模量 $G = 80 \times 10^3 \text{MPa}$，许用切应力 $[\tau] = 40\text{MPa}$，单位长度的许用转角 $[\theta] = 1°/\text{m}$，试计算轴的直径。

5. 图 6-14 所示传动轴，已知：$P_A = 5\text{kW}$，$P_B = 10\text{kW}$，$P_C = 30\text{kW}$，$P_D = 15\text{kW}$，$n = 300\text{r/min}$，$G = 80\text{GPa}$，$[\tau] = 40\text{MPa}$，$[\theta] = 0.5°/\text{m}$。试按强度条件和刚度条件设计此轴直径。

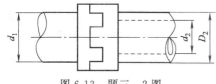

图 6-13　题三、2 图

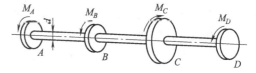

图 6-14　题三、5 图

单元七 梁的弯曲

课题一 平面弯曲认知

一、平面弯曲的概念

杆件的弯曲变形是工程中最常见的一种基本变形形式,如桥式起重机的大梁 [图 7-1 (a)]、火车轮轴 [图 7-1 (b)] 等杆件。它们的特点是:作用于这些杆件上的外力垂直于杆件的轴线,变形前为直线的轴线,变形后成为曲线。这种形式的变形称为弯曲变形。凡是以弯曲变形为主的杆件习惯上称为梁。

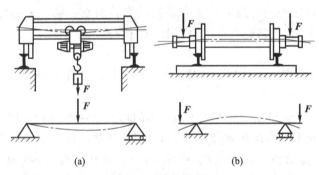

图 7-1 梁的实例

工程中绝大多数梁的横截面都有一根对称轴。如图 7-2 所示。通过梁轴线和横截面对称轴的平面称为纵向对称平面。当梁上的外力(包括外力偶)都作用在纵向对称平面内时,梁的轴线将弯曲成一条仍位于纵向对称平面内的平面曲线(图 7-3)。这种情况下的弯曲变形称为平面弯曲。它是弯曲问题中最常见和最基本的情况。本单元仅研究平面弯曲问题。

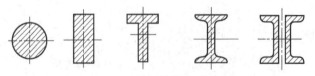

图 7-2 梁的横截面

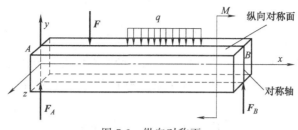

图 7-3 纵向对称面

二、梁的基本形式

根据梁的支承情况，如果梁的支座反力皆能用静力平衡方程求得，这种梁称为静定梁。静定梁有下列三种基本形式。

(1) 简支梁 一端为固定铰链支座，另一端为活动铰链支座的梁。如图 7-4（a）所示。
(2) 外伸梁 简支梁具有一个或两个外伸端，如图 7-4（b）所示。
(3) 悬臂梁 一端为固定端，另一端为自由端的梁。如图 7-4（c）所示。

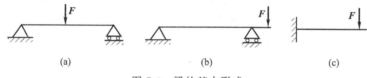

图 7-4 梁的基本形式

课题二 弯曲内力

一、剪力和弯矩

当作用于梁上的外力均为已知时，就可进一步分析梁横截面上的内力。梁横截面上的内力可用截面法求得，以图 7-5（a）所示简支梁为例，现求其任意横截面 1—1 上的内力。假想沿横截面 1—1 把梁分成两部分，取其中的任一段（例如左段）作为研究对象，将右段梁对左段梁的作用用截面上的内力来代替。由图 7-5（b）可见，为使左段梁平衡，在横截面 1—1 上必然存在一个切于横截面方向的内力 F_Q，由平衡方程

$$\sum F_y = 0, F_{Ay} - F_Q = 0$$

得

$$F_Q = F_{Ay} = \frac{F}{2}$$

F_Q 称为横截面 1—1 上的剪力，它是与横截面相切的分布内力系的合力。若把左段梁上的所有外力和内力对截面 1—1 的形心 C 取矩，在截面 1—1 上还应有一个内力偶矩 M 与其平衡，其力矩总和应等于零。由平衡方程

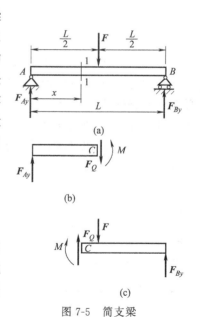

图 7-5 简支梁

$$\sum M_C = 0, M - F_{Ay}x = 0$$

得
$$M = F_{Ay}x = \frac{F}{2}x$$

M 称为横截面 1—1 上的弯矩。它是与横截面垂直的分布内力系的合力偶矩。

如果取右段梁作为研究对象，则同样可求得横截面 1—1 上的剪力 F_Q 和弯矩 M [图 7-5 (c)]。

$$\sum F_y = 0 \quad F_Q + F_{By} - F = 0$$

得
$$F_Q = F - F_{By} = \frac{F}{2}$$

由
$$\sum M_C = 0 \quad F_{By}(L-x) - F\left(\frac{L}{2} - x\right) - M = 0$$

得
$$M = F_{By}(L-x) - F\left(\frac{L}{2} - x\right) = \frac{F}{2}x$$

从以上结果可以看出，取左段梁和取右段梁作为研究对象求得的 F_Q 和 M 大小相等，但方向相反，这是因为截面两侧的力系为作用与反作用关系。为了使无论取左段梁还是右段梁得到的同一横截面上的 F_Q 和 M 不仅大小相等，而且正负号一致，通常对 F_Q 和 M 作如下规定：梁横截面上的剪力对所取梁段内绕任一点的矩为顺时针方向转动时，剪力为正；反之为负 [图 7-6 (a)]。梁横截面上的弯矩使梁段产生上部受压、下部受拉时为正；反之为负 [图 7-6 (b)]。

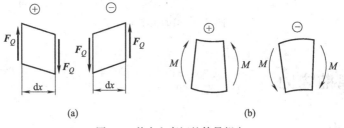

图 7-6 剪力和弯矩的符号规定

根据上述正负号规定，在图 7-5 (b)、(c) 两种情况中，横截面 1—1 上的剪力和弯矩均为正号。

由于截面一侧任一外力在该截面上产生的剪力总是与外力的方向相反，任一外力（包括外力偶）在该截面上产生的弯矩的转向总是与外力对截面形心的矩的转向相反。因此，可以对剪力和弯矩的正负号作如下规定。

① 若外力对所取梁段的截面形心的矩是顺时针方向，则该力所产生的剪力为正；反之为负。

② 若外力使所取的梁段产生上部受压、下部受拉的变形时，则该力所产生的弯矩为正；反之为负。

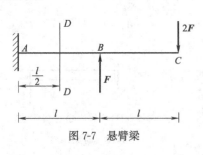

图 7-7 悬臂梁

根据这个规定和上述分析，计算任一截面的剪力和弯矩时，可由外力的大小和方向直接确定。

① 梁任一横截面上的剪力，等于该截面一侧梁上所有外力的代数和。

② 梁任一横截面上的弯矩，等于该截面一侧梁上所有外力对该截面形心力矩的代数和。

【例 7-1】 如图 7-7 所示悬臂梁，试求截面 D—D 上的剪力和弯矩。

解 在截面 D—D 处梁截为两部分，若取左段为研究对象，则应先求出固定端处的约束反力。现取右端为研究对象，$2F$ 对 D—D 截面为形心的矩顺时针，使截面产生正剪力；F 对 D—D 截面形心的矩为逆时针，使截面产生负剪力，因此，D—D 截面上的剪力为

$$F_{QD} = 2F - F = F$$

$2F$ 对 D—D 截面右侧梁段产生上部受拉、下部受压的变形，使截面产生负弯矩；F 对 D—D 截面右侧梁段产生上部受压、下部受拉的变形，使截面产生正弯矩。故 D—D 截面上的弯矩为

$$M_D = -2F \times \frac{3l}{2} + F \times \frac{l}{2} = -\frac{5Fl}{2}$$

【**例 7-2**】 如图 7-8 所示外伸梁，求 1—1 截面上的剪力和弯矩。

解 由静力平衡方程求得约束反力

$$F_{Ay} = F \qquad F_{By} = 2F$$

截面右侧受力较简单，故按右侧外力计算。

力 F 对 1—1 截面形心的矩为顺时针，使截面产生正剪力；力 F_{By} 对 1—1 截面形心的矩为逆时针，产生负剪力。因此，1—1 截面上的剪力为

$$F_{Q1} = F - F_{By} = F - 2F = -F$$

力 F 对 1—1 截面右侧梁段产生上部受拉、下部受压的变形，使截面产生负弯矩；力 F_{By} 产生上部受压、下部受拉的变形，产生正弯矩。因此，截面 1—1 上的弯矩为

$$M_1 = -F(2l) + F_{By}l = -2Fl + 2Fl = 0$$

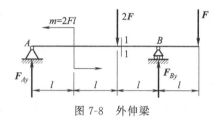

图 7-8 外伸梁

二、剪力图和弯矩图

在一般情况下，梁横截面上的剪力和弯矩都是随横截面的位置而变化的，若以横坐标 x 表示横截面在梁轴线上的位置，以与 x 轴垂直的坐标表示剪力和弯矩，则各横截面上的剪力和弯矩皆可表示为 x 的函数。即

$$F_Q = F_Q(x)$$
$$M = M(x)$$

上述的函数表达式，即为梁的剪力方程和弯矩方程。

为了直观地表示梁的各横截面上的弯矩 M 和剪力 F_Q 沿轴线变化的情况，可用图形来表示。取平行于梁轴的横坐标 x 表示横截面的位置，以纵坐标表示相应截面上的剪力和弯矩。这种图线分别称为剪力图和弯矩图。下面用例题说明列剪力方程和弯矩方程以及绘制剪力图和弯矩图的方法。

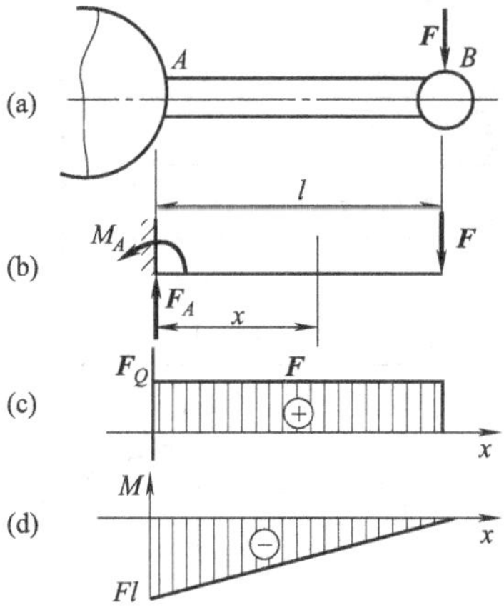

【**例 7-3**】 图 7-9（a）所示为台钻手柄杆 AB，在自由端受集中力 F 作用，试列出梁的剪力方程和弯矩方程，并作剪力图和弯矩图。

解 列平衡方程求出支反力 $F_A = F$ 及 $M_A = Fl$，在

图 7-9 台钻手柄杆

截面右侧只有集中力 F，所以用截面右侧的外力来列剪力及弯矩方程。

$$F_Q(x)=F \qquad (0<x<l)$$
$$M(x)=-F(l-x) \qquad (0<x\leqslant l)$$

根据所列的剪力方程和弯矩方程，作剪力图［图 7-9（c）］和弯矩图［图 7-9（d）］，在梁的各横截面上，剪力都相同；在固定端横截面上，弯矩为最大，$|M|_{\max}=Fl$。

【例 7-4】 图 7-10（a）所示的简支梁 AB，在 C 点受集中力 F 的作用。试列出梁的剪力方程和弯矩方程，并作剪力图和弯矩图。

解 （1）求支座反力　由平衡方程
$$\sum M_A=0, F_B l - Fa=0$$
得
$$F_B=\frac{Fa}{l}$$
由
$$\sum M_B=0, F_A l + Fb=0$$
得
$$F_A=\frac{Fb}{l}$$

（2）列剪力方程和弯矩方程　因集中力 F 作用于 C 点，故对在力 F 左侧和右侧的两段梁必须分别列出剪力方程和弯矩方程

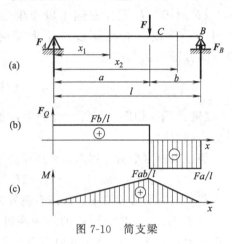

图 7-10　简支梁

AC 段
$$F_Q(x_1)=F_A=\frac{Fb}{l} \qquad (0<x_1<a) \qquad (a)$$
$$M(x_1)=F_A x_1=\frac{Fb}{l}x_1 \qquad (0\leqslant x_1\leqslant a) \qquad (b)$$

CB 段
$$F_Q(x_2)=F_A-F=\frac{Fb}{l}-F=-\frac{Fa}{l} \qquad (a<x_2<l) \qquad (c)$$
$$M(x_2)=F_A x_2-F(x_2-a)=\frac{Fb}{l}x_2-F(x_2-a)=\frac{Fa}{l}(l-x_2) \qquad (a\leqslant x_2\leqslant l) \qquad (d)$$

根据式（a）、（c）绘剪力图。式（a）表明 AC 段内各截面上的剪力为常量 $\dfrac{Fa}{l}$，式（c）表明 CB 段各截面上的剪力为常量 $-\dfrac{Fa}{l}$，所以，在 AC 和 CB 段内的剪力图各是平行于 x 轴的水平线，在集中力作用处，F_Q 图发生突变，突变的值等于集中力的大小，如图 7-10（b）所示。当 $a>b$ 时，CB 段内任意横截面上的剪力值为最大，其绝对值为 $|F_Q|_{\max}=\dfrac{Fa}{l}$。

根据式（b）、（d）绘制弯矩图，如图 7-10（c）所示。在 AC 段和 CB 段内的弯矩图各是一条斜直线，在集中力作用处，M 图产生一转折，并有最大弯矩，其值为 $M_{\max}=\dfrac{Fab}{l}$。

【例 7-5】 图 7-11（a）所示简支梁，在 C 点受集中力偶 M_0 作用，试作出此梁的剪力图和弯

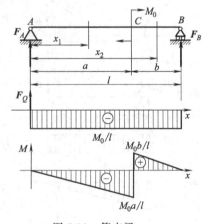

图 7-11　简支梁

矩图。

解 （1）求支座反力　由平衡方程得

$$F_A = -\frac{M_0}{l},\ F_B = \frac{M_0}{l}$$

（2）列剪力方程和弯矩方程　集中力偶 M_0 将梁分成 AC 和 CB 两段，两段梁的剪力方程和弯矩方程分别为

AC 段

$$F_Q(x_1) = F_A = -\frac{M_0}{l} \qquad (0 < x_1 \leqslant a) \qquad \text{(a)}$$

$$M(x_1) = F_A x_1 = -\frac{M_0}{l} x_1 \qquad (0 \leqslant x_1 < a) \qquad \text{(b)}$$

CB 段

$$F_Q(x_2) = F_A = -\frac{M_0}{l} \qquad (0 \leqslant x_2 < l) \qquad \text{(c)}$$

$$M(x_2) = F_A x_2 + M_0 \qquad (a < x_2 \leqslant l) \qquad \text{(d)}$$

（3）作剪力图和弯矩图　由式（a）和式（c）可知，两段梁的剪力方程相同，故剪力图为一水平直线，如图 7-11（b）所示。由式（b）和式（d）知，两段梁的弯矩图均为斜直线，在集中力偶 M_0 的作用处，M 图发生突变，突变的绝对值等于集中力偶的大小。若 $a > b$，则在 C 点稍左的截面上发生最大弯矩，其值为 $M_{\max} = \frac{M_0}{l} a$。

【例 7-6】 图 7-12（a）所示简支梁 AB，受向下均布载荷 q 的作用，试列出梁的剪力方程和弯矩方程，并绘出剪力图和弯矩图。

解 （1）求支座反力　由梁的对称关系可得

$$F_{Ay} = F_{By} = \frac{ql}{2}$$

（2）列剪力方程和弯矩方程

$$F_Q(x) = F_{Ay} - qx = \frac{ql}{2} - qx \qquad (0 < x < l) \qquad \text{(a)}$$

$$M(x) = F_{Ay} x - qx \frac{x}{2} = \frac{ql}{2} x - \frac{q}{2} x^2 \qquad (0 \leqslant x \leqslant l) \qquad \text{(b)}$$

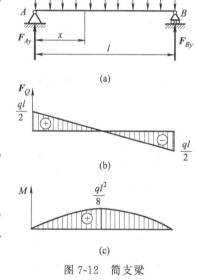

图 7-12　简支梁

（3）绘剪力图和弯矩图　式（a）表明 F_Q 图为一斜直线，需要确定图形上的两个点

$$F_Q(0) = \frac{1}{2} ql,\ F_Q(l) = -\frac{1}{2} ql$$

由以上两个值可绘出剪力图，如图 7-12（b）所示。由该图可知，梁的最大剪力发生在两端支座内侧，即 A 截面的右侧和 B 截面的左侧，其绝对值为 $|F_Q|_{\max} = \frac{1}{2} ql$。

式（b）表明 M 图为一条二次抛物线

$$M(0) = 0,\ M\left(\frac{l}{2}\right) = \frac{1}{8} ql^2,\ M(l) = 0$$

利用以上三个值可以大致绘出 M 图，如图 7-12（c）所示。在跨度中点横截面上弯矩为

最大值 $M_{max} = \dfrac{ql^2}{8}$，而在这一截面剪力 $F_Q = 0$。

三、剪力、弯矩与载荷集度之间的微分关系

若将分布载荷表示成坐标 x 的函数 $q(x)$，$q(x)$ 即为载荷集度函数，前述的均布载荷也就是载荷集度为常量的分布载荷，同时规定，均布载荷方向向上，载荷集度为正，反之为负。如例 7-6 所示的简支梁，作用的均布载荷的集度 $q(x) = -q$。

若对例 7-6 所示的简支梁的剪力方程 $F_Q(x) = \dfrac{ql}{2} - qx$ 和弯矩方程 $M(x) = \dfrac{ql}{2}x - \dfrac{q}{2}x^2$ 求一阶导数，得

$$\dfrac{dM(x)}{dx} = \dfrac{ql}{2} - q = F_Q(x), \quad \dfrac{dF_Q(x)}{dx} = -q = q(x), \quad \dfrac{d^2M(x)}{dx^2} = q(x)$$

弯矩 M、剪力 F_Q 和载荷集度 $q(x)$ 三者之间的这种微分关系是普遍的规律（证明从略）。掌握这些规律，有助于正确、迅速地绘制和判断剪力图和弯矩图。

由导数的性质可知：

① 在无分布载荷作用的梁段上，由于 $q(x) = 0$，$\dfrac{dF_Q(x)}{dx} = q(x) = 0$，因此，$F_Q(x) =$ 常数，即剪力图为一水平直线；由于 $F_Q(x) =$ 常数，$\dfrac{dM(x)}{dx} = F_Q(x) =$ 常数，$M(x)$ 是 x 的一次函数，弯矩图是斜直线，其斜率则随 $F_Q(x)$ 值而定。

② 对于有均布载荷作用的梁段，由于 $q(x) =$ 常数，则 $\dfrac{d^2M(x)}{dx^2} = q(x) =$ 常数，故在这一段内 $F_Q(x)$ 是 x 的一次函数，而 $M(x)$ 是 x 的二次函数，因而剪力图是斜直线而弯矩图是抛物线。具体说，当分布载荷向上，即 $q(x) > 0$ 时，$\dfrac{d^2M(x)}{dx^2} > 0$，弯矩图为下凸曲线；反之，当分布载荷向下，即 $q(x) < 0$ 时，弯矩图为上凸曲线。

③ 若在梁的某一截面上 $F_Q(x) = 0$，即 $\dfrac{dM(x)}{dx} = 0$，亦即弯矩图的斜率为零，则在这一截面上弯矩为一极值。

④ 在集中力作用处，剪力 F_Q 有一突变（其突变的数值即等于集中力），因而弯矩图的斜率也发生一突然变化，成为一个转折点。

在集中力偶作用处，剪力图不变，弯矩图将发生突变，突变的数值即等于力偶矩的数值。

⑤ $|M|_{max}$ 不但可能发生在 $F_Q(x) = 0$ 的截面上，也可能发生在集中力作用处，或集中力偶作用处，所以求 $|M|_{max}$ 时，应考虑上述几种可能性。

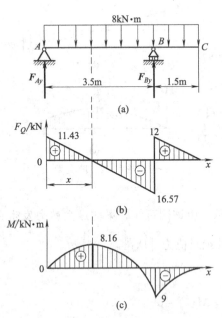

图 7-13 外伸梁

【例 7-7】 外伸梁及其所受载荷如图 7-13（a）所示，试作梁的剪力图和弯矩图。

解 （1）求支座反力　由梁的平衡方程得
$$F_{Ay}=11.43\text{kN}, F_{By}=28.57\text{kN}$$

（2）作剪力图　梁上的外力将梁分成 AB、BC 两段，在支座反力 $\boldsymbol{F}_{Ay}$ 作用的截面 A 上，剪力图向上突变，突变值等于 $\boldsymbol{F}_{Ay}$ 的大小。整个梁受向下均布载荷的作用，剪力图为向下倾斜的直线，AB 段剪力图由 A、B 两点剪力值确定，按剪力的符号规定，支座 B 稍左截面上的剪力为
$$F_{QB左}=F_{Ay}-8\times 3.5=-16.57\text{kN}$$

同理，BC 段的剪力图也为斜直线，自右向左画，由 C、B 两点的剪力值确定此段直线，C 截面的剪力为 $F_{QC}=0$，支座 B 稍右截面的剪力为
$$F_{QB右}=8\times 1.5=12\text{kN}$$

全梁的剪力图如图 7-13（b）所示，截面 B 的突变值为
$$F_{By}=F_{QB右}-F_{QB左}=28.57\text{kN}$$

（3）作弯矩图　整个梁受向下的均布载荷的作用，无集中力偶，所以，弯矩图为向上凸的抛物线，没有突变。剪力为零的截面为弯矩极值点，其位置为 $x=11.43/8=1.43\text{m}$，按弯矩的符号规定，此截面上的弯矩值为
$$M=11.43\times 1.43-\frac{8\times 1.43^2}{2}=8.16\text{kN·m}$$

B 截面的弯矩值由梁的右段确定
$$M_B=\frac{1}{2}\times 8\times 1.5^2=9\text{kN·m}$$

AB 段由三点确定抛物线，BC 段可由两点确定抛物线，全梁的弯矩图如图 7-13（c）所示。梁的最大弯矩发生在 B 截面处。

课题三　弯曲正应力

上一节研究了梁弯曲时横截面上的内力计算，但要解决梁的强度问题，必须进一步研究梁横截面上内力的分布规律，即研究横截面上的应力。在一般情况下，梁的横截面上既有剪力，也有弯矩。剪力 $\boldsymbol{F}_Q$ 是与横截面相切的内力系的合力，故在截面上必然会产生切应力；而弯矩 M 是与横截面垂直的内力系的合力偶矩，所以在横截面上必然会产生正应力。

一、纯弯曲梁横截面上的正应力

若在梁的横截面上只有弯矩而无剪力，则所产生的弯曲称为纯弯曲；若在梁的横截面上既有弯矩又有剪力，这样的弯曲称为横力弯曲。下面将按照分析构件横截面上应力的一般方法，先分析纯弯曲梁横截面上的正应力，然后将所得到的结果推广应用于横力弯曲的梁。

取图 7-14（a）所示的梁，在梁的表面画上平行于轴线的纵向线和垂直于轴线的横向线。然后在梁的两端加一对大小相等，方向相反的力偶，该力偶位于梁的纵向对称平面内，使梁产生平面纯弯曲变形，如图 7-14（b）所示。

从弯曲变形后的梁上可以看到，各横向线仍保持直线，只是相对地转了一个角度，但仍与变形后的纵向线垂直；各纵向线变成曲线，轴线以下的纵向线伸长，轴线以上的纵向线缩短。根据上述表面变形现象，对梁的内部变形作出如下假设：

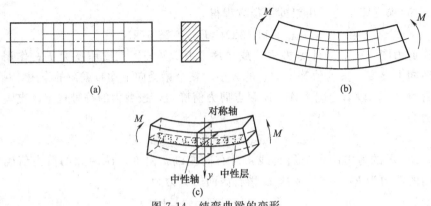

图 7-14 纯弯曲梁的变形

① 梁的横截面变形后仍为平面，且仍垂直于梁变形后的轴线，只是绕着横截面上的某一轴旋转了一个角度。这个假设称为梁弯曲时的平面假设。

② 设想梁是由无数层纵向纤维所组成，且各层纤维之间无挤压作用，可认为每条纤维均处于单纯的拉伸或压缩。所以对于纯弯曲梁，其横截面上只有正应力而无切应力。

根据上述假设，其底面各纵向纤维伸长，顶面纵向纤维缩短，而纵向纤维的变形沿截面高度应该是连续变化的，所以，从伸长区到缩短区，中间必有一层既不伸长也不缩短，这一层纤维称为中性层，如图 7-14（c）所示。中性层与横截面的交线称为中性轴。显然，在平面弯曲的情况下，中性轴必然垂直于截面的纵向对称轴。

1. 变形几何关系

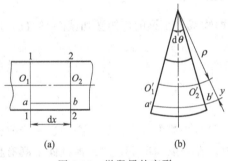

图 7-15 微段梁的变形

从梁上截取长为 dx 的微段 [图 7-15（a）]，其变形后的情况如图 7-15（b）所示。设横截面 1—1 和 2—2 绕各自中性轴相对转动了 $d\theta$ 角，中性层的曲率半径为 ρ。现在研究距中性层为 y 处纵向纤维 $\overline{ab}$ 的线应变。

变形前纤维原长 $\overline{ab} = dx$，变形后的弧长 $\overline{a'b'} = (\rho+y)d\theta$。又因为弧线 $O_1'O_2'$ 位于中性层，所以，$\overline{ab} = O_1O_2 = O_1'O_2' = \rho d\theta$。则纵向纤维 $\overline{ab}$ 的线应变为

$$\varepsilon = \frac{\overline{a'b'} - \overline{ab}}{\overline{ab}} = \frac{(\rho+y)d\theta - \rho d\theta}{\rho d\theta}$$

即

$$\varepsilon = \frac{y}{\rho} \tag{7-1}$$

由于式中的 ρ 为一常数，故式（7-1）表示纵向纤维的线应变与它到中性层的距离成正比。

2. 物理关系

由假设知道，纵向纤维处于单向拉伸或压缩，所以当正应力不超过材料的比例极限时，即可应用胡克定律求得横截面上距中性层为 y 处的正应力为

$$\sigma = E\varepsilon = E\frac{y}{\rho} \tag{7-2}$$

式（7-2）表示横截面上正应力的分布规律。对于取定的横截面，$\dfrac{E}{\rho}$ 为常数，则横截面上任

一点的正应力与该点到中性轴的距离 y 成正比,即正应力沿横截面高度按直线规律变化,中性轴上各点处的正应力均为零,离中性轴越远的点,其正应力越大,如图 7-16 所示。

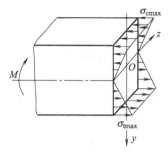

图 7-16　弯曲正应力分布规律

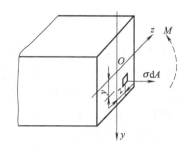

图 7-17　横截面上的弯矩

3. 静力平衡关系

式(7-2)虽然给出了横截面上正应力的分布规律,但还不能直接进行正应力计算,还必须确定中性轴的位置和曲率半径 ρ 的大小。

现从纯弯曲梁中任一横截面处截开,如图 7-17 所示。在横截面上坐标轴为 (y, z) 处取一微元面积,其上作用的微内力为 σdA,横截面上各处的法向微内力组成一空间平行力系,而且,由于横截面上没有轴力,只有位于梁对称平面(即 x、y 平面)上的弯矩。因此,得到三个静力方程

$$N = \int_A \sigma dA = 0 \tag{a}$$

$$M_z = \int_A y\sigma dA = M \tag{b}$$

将式(7-2)代入式(a),得

$$\int_A \frac{E}{\rho} y dA = \frac{E}{\rho} \int_A y dA = \frac{E}{\rho} S_z = 0 \tag{c}$$

$S_z = \int_A y dA = y_C A$ 为横截面对 z 轴的静矩,由式(c)知,因为 $\frac{E}{\rho} \neq 0$,则必有

$$S_z = y_C A = 0$$

又因为横截面面积 A 不能等于零,所以

$$y_C = 0$$

此式说明,梁发生平面弯曲时,中性轴 z 必通过横截面形心。由此确定了中性轴的位置。

将式(7-2)代入式(b),得

$$\int_A E \frac{y}{\rho} y dA = \frac{E}{\rho} \int_A y^2 dA = M$$

$\int_A y^2 dA$ 是与横截面的形状和尺寸有关的几何量,称为截面对 z 轴的惯性矩,用 I_z 表示,常用单位为 mm^4 或 m^4。于是上式可以写成

$$\frac{1}{\rho} = \frac{M}{EI_z} \tag{7-3}$$

此式是研究梁弯曲变形的基本公式。它表明在指定的横截面处,中性层的曲率 $\frac{1}{\rho}$ 与该截面上

的弯矩 M 成正比，与 EI_z 成反比。EI_z 越大，则曲率 $\dfrac{1}{\rho}$ 越小，故称 EI_z 为梁的抗弯刚度。

将式 (7-3) 代入式 (7-2)，得到

$$\sigma = \dfrac{My}{I_z} \tag{7-4}$$

式 (7-4) 即为纯弯曲时梁横截面上任一点处的正应力计算公式。式中，M 为横截面上的弯矩；y 为横截面上所求应力的点到中性轴 z 的距离；I_z 为横截面对中性轴 z 的惯性矩。

一般用公式 (7-4) 计算正应力时，M 与 y 均代以绝对值，然后根据弯矩图中弯矩的正负，直接判断 σ 是拉应力 σ_t 还是压应力 σ_c。即当弯矩 M 为正时，梁下部纤维伸长，故产生拉应力；上部纤维缩短而产生压应力。M 为负时，则与其相反。也可根据梁的变形情况确定。

由式 (7-4) 知，当 $y = y_{max}$，即在横截面上离中性轴最远的各点处弯曲正应力最大，即

$$\sigma_{max} = \dfrac{My_{max}}{I_z} = \dfrac{M}{W_z} \tag{7-5}$$

式中，$W_z = \dfrac{I_z}{y_{max}}$，称为弯曲截面系数，是衡量横截面抗弯能力的一个几何量，其数值只与横截面的形状和尺寸有关，常用单位 mm^3 或 m^3。

式 (7-4) 和式 (7-5) 是在纯弯曲条件下推导出来的。工程中常见的梁多为横力弯曲，当梁的跨度与横截面高度之比 $l/h > 5$ 时，剪力对弯曲正应力分布规律的影响甚小，其误差不超过 1%。所以在横力弯曲时，用这两个公式计算梁的正应力足以能满足工程上的精度要求。

注意：在平面弯曲的情况下，若梁的横截面有一对相互垂直的对称轴，当载荷作用在一对称轴所在的平面内时，另一对称轴即为中性轴，这时，横截面上正应力对于中性轴对称分布，且最大拉、压应力数值相等；若梁的横截面只有一根对称轴，当载荷作用在对称轴所在平面内时，中性轴通过截面形心且垂直于对称轴，这时横截面上的正应力分布不再对称于中性轴，而且最大拉应力和最大压应力数值不相等。如图 7-18 所示。

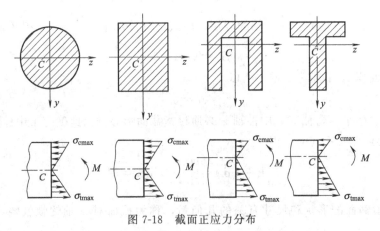

图 7-18 截面正应力分布

二、惯性矩

1. 简单平面图形惯性矩及弯曲截面系数

(1) 矩形截面的惯性矩和弯曲截面系数　图 7-19 所示矩形截面，高为 h，宽为 b，y、

z 轴通过截面形心。

先计算对 z 轴的惯性矩。取平行于 z 轴的阴影面积为微面积 $dA = b\,dy$，则

$$I_z = \int_A y^2 dA = \int_{-\frac{h}{2}}^{\frac{h}{2}} y^2 b\,dy = \frac{bh^3}{12} \tag{7-6a}$$

同理，可得对 y 轴的惯性矩

$$I_y = \frac{hb^3}{12} \tag{7-6b}$$

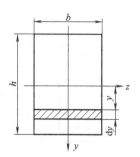

图 7-19　矩形截面惯性矩

然后，计算弯曲截面系数

$$W_z = \frac{I_z}{y_{\max}} = \frac{\frac{bh^3}{12}}{\frac{h}{2}} = \frac{bh^2}{6} \tag{7-7a}$$

同理

$$W_y = \frac{hb^2}{6} \tag{7-7b}$$

(2) 圆形截面的惯性矩和弯曲截面系数　图 7-20 所示直径为 d 的圆截面，y、z 轴通过截面形心。

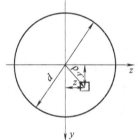

图 7-20　圆形截面惯性矩

先计算截面对 y、z 轴的惯性矩。从图 7-19 可见，$\rho^2 = y^2 + z^2$，所以截面的极惯性矩为

$$I_P = \int_A \rho^2 dA = \int_A y^2 dA + \int_A z^2 dA = I_z + I_y$$

由于圆形对任意直径轴都是对称的，故

$$I_z = I_y$$

又由 $I_P = \frac{\pi d^4}{32}$，所以

$$I_y = I_z = \frac{I_P}{2} = \frac{\pi d^4}{64} \tag{7-8a}$$

然后计算弯曲截面系数

$$W_y = W_z = \frac{I_z}{y_{\max}} = \frac{\pi d^3}{32} \tag{7-8b}$$

同理，空心圆截面对 y、z 轴的惯性矩和弯曲截面系数为

$$I_y = I_z = \frac{\pi D^4}{64}(1 - \alpha^4) \tag{7-9a}$$

$$W_y = W_z = \frac{\pi D^3}{32}(1 - \alpha^4) \tag{7-9b}$$

式 (7-9a) 和式 (7-9b) 中 D 为空心圆截面的外径，α 为内、外直径的比值。

对于各种型钢的惯性矩和弯曲截面系数，可查附录。

2. 组合截面的惯性矩

工程中常遇到一些比较复杂的截面形状，有的是由矩形、圆形和三角形等几个简单图形组成的，有的是由几个型钢截面组成的，称为组合截面。对于组合截面，根据惯性矩的定义可知，组合截面对某轴的惯性矩，等于其各组成部分对同一轴的惯性矩之和。即

$$I_z = \sum_{i=1}^{n} I_{zi} \tag{7-10}$$

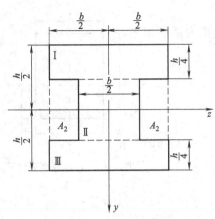

图 7-21 工字形截面惯性矩

【例 7-8】 图 7-21 所示工字形截面,已知 b、h。试求截面对形心轴 y、z 的惯性矩。

解 (1) 求 I_y 此组合截面可分为 I、II、III 三个矩形,y 轴既是通过组合截面的形心轴,也是矩形 I、II、III 的形心轴。故由式(7-10)及式(7-6b)有

$$I_y = I_y(\text{I}) + I_y(\text{II}) + I_y(\text{III}) = 2I_y(\text{I}) + I_y(\text{II})$$

$$= 2\frac{\frac{h}{4}b^3}{12} + \frac{\frac{h}{2}\left(\frac{b}{2}\right)^3}{12} = \frac{3hb^3}{64}$$

(2) 求 I_z 可以将此组合截面理解为 $b \times h$ 的矩形 A_1 减去两个 $\frac{b}{4} \times \frac{h}{2}$ 矩形 A_2,于是,由式(7-10)有

$$I_z = I_z(A_1) - 2I_z(A_2) = \frac{bh^3}{12} - 2\frac{\frac{b}{4}\left(\frac{h}{2}\right)^2}{12} = \frac{5bh^3}{64}$$

3. 平行移轴公式

同一截面对于不同坐标轴的惯性矩的数值是不同的,但它们之间却存在着一定关系。

图 7-22 所示任意形状的截面图形,其面积为 A,z_C、y_C 轴为通过截面形心 C 的一对正交轴。通过截面形心的轴称为形心轴。z、y 轴分别与 z_C、y_C 轴平行,相应的平行轴之间的距离分别为 a 和 b。可以证明,截面图形对 z 轴和 y 轴的惯性矩为

$$I_z = I_{zC} + a^2 A \tag{7-11a}$$

$$I_y = I_{yC} + b^2 A \tag{7-11b}$$

式(7-11)称为惯性矩的平行移轴公式。即截面对任一轴的惯性矩,等于它对平行于该轴的形心轴的惯性矩加上截面图形面积与两轴间距离平方的乘积。

【例 7-9】 求图 7-23 所示矩形截面对 z_1 轴的惯性矩。

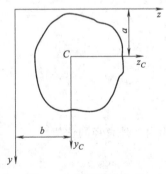

图 7-22 平行移轴公式

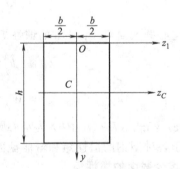

图 7-23 矩形截面对平行轴的惯性矩

解 根据平行移轴公式(7-11a)得

$$I_{z1} = I_{zC} + \left(\frac{h}{2}\right)^2 bh = \frac{bh^3}{12} + \frac{bh^3}{4} = \frac{bh^3}{3}$$

三、弯曲正应力强度条件及其应用

由前述分析表明，对等截面直梁，梁的最大正应力发生在最大弯矩所在截面的上、下边缘处。为了保证梁能够正常工作，并有一定的安全储备，必须使梁横截面上的最大正应力不超过材料的弯曲许用应力 $[\sigma]$，即梁的弯曲正应力条件为

$$\sigma_{\max} = \frac{M_{\max}}{W_z} \leqslant [\sigma] \qquad (7-12)$$

应该指出，式（7-12）只适用于抗拉强度和抗压强度相同的材料，梁的截面形状与中性轴相对称，如矩形、圆形、工字形、箱形等。

对于铸铁等抗拉强度和抗压强度不等的脆性材料，梁的截面形状采用与中性轴不对称的形状，如 T 字形等。由于材料的许用拉应力 $[\sigma_t]$ 和许用压应力 $[\sigma_c]$ 不等，则应分别进行强度计算。即

$$\sigma_{t\max} = \frac{M y^t_{\max}}{I_z} \leqslant [\sigma_t] \qquad (7-13a)$$

$$\sigma_{c\max} = \frac{M y^c_{\max}}{I_z} \leqslant [\sigma_c] \qquad (7-13b)$$

其中，$\sigma_{c\max}$ 为最大压应力的绝对值。

【例 7-10】 图 7-24（a）所示悬臂梁，已知 $F=15\text{kN}$，$l=400\text{mm}$，横截面尺寸如图 7-24（b）所示。试求截面 B 上的最大弯曲拉应力和最大弯曲压应力。

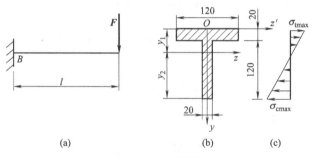

图 7-24 悬臂梁

解 （1）确定截面的形心　选参考坐标系 yOz'，并将截面 B 分成Ⅰ、Ⅱ两个矩形，如图 7-24（b）所示。则

$$y_1 = y_C = \frac{A_{\text{I}} y_{\text{I}} + A_{\text{II}} y_{\text{II}}}{A_{\text{I}} + A_{\text{II}}} = \frac{120 \times 20 \times \frac{20}{2} + 20 \times 120 \times \left(20 + \frac{120}{2}\right)}{120 \times 20 + 20 \times 120} \text{mm} = 45 \text{mm}$$

（2）计算截面 B 对中性轴 z 轴的惯性矩　矩形Ⅰ、Ⅱ对 z 轴的惯性矩分别为

$$I_z(\text{I}) = I_{zC1} + A_1 a_1^2 = \left[\frac{120 \times 20^3}{12} + 120 \times 20 \times (45-10)^2\right] \text{mm}^4 = 3.02 \times 10^6 \text{mm}^4$$

$$I_z(\text{II}) = I_{zC2} + A_2 a_2^2 = \left[\frac{20 \times 120^3}{12} + 20 \times 120 \times \left(20 + \frac{120}{2} - 45\right)^2\right] \text{mm}^4 = 5.82 \times 10^6 \text{mm}^4$$

截面 B 对中性轴 z 的惯性矩为

$$I_z = I_z(\text{I}) + I_z(\text{II}) = (3.02 \times 10^6 + 5.82 \times 10^6) \text{mm}^4 = 8.84 \times 10^6 \text{mm}^4$$

（3）计算截面 B 的弯矩

$$M_B = -Fl = -15 \times 10^3 \times 400 \text{N} \cdot \text{mm} = -6 \times 10^6 \text{N} \cdot \text{mm}$$

(4) 计算截面 B 的最大弯曲应力 因为弯矩 M_B 为负值，所以 B 截面正应力沿高度分布规律如图 7-24（c）所示，在上、下边缘处，分别作用最大拉应力和最大压应力，其值分别为

$$\sigma_{t\max} = \frac{M_B y_1}{I_z} = \frac{6 \times 10^6 \times 45}{8.84 \times 10^6} \text{MPa} = 30.5 \text{MPa}$$

$$\sigma_{c\max} = \frac{M_B y_2}{I_z} = \frac{6 \times 10^6 \times (20+120-45)}{8.84 \times 10^6} \text{MPa} = 64.5 \text{MPa}$$

【例 7-11】 图 7-25（a）所示悬臂梁，已知：$q=10\text{kN/m}$，$l=4\text{m}$，材料的许用应力 $[\sigma]=100\text{MPa}$，截面尺寸关系为 $b:h=1:2$。试求：(1) 设计梁的横截面尺寸；(2) 若采用工字形截面，选择工字形钢的型号；(3) 比较其重量。

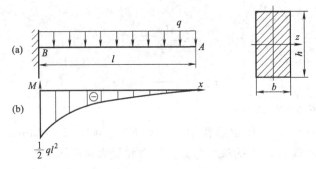

图 7-25 悬臂梁

解 (1) 确定梁的最大弯矩 画弯矩图，如图 7-25（b）所示。在截面 B 处弯矩最大，其值为

$$|M|_{\max} = \frac{1}{2}ql^2 = \frac{1}{2} \times 10 \times 4^2 \text{kN} \cdot \text{m} = 80 \text{kN} \cdot \text{m}$$

(2) 设计截面尺寸 由式（7-12），得

$$W_z \geqslant \frac{|M|_{\max}}{[\sigma]} = \frac{80 \times 10^6}{100} \text{mm}^3 = 8 \times 10^5 \text{mm}^3$$

① 矩形截面

$$W_z = \frac{bh^2}{6} = \frac{b}{6}(2b)^2 = \frac{2}{3}b^3 \geqslant 8 \times 10^5 \text{mm}^3$$

$$b \geqslant 106\text{mm}, h \geqslant 212\text{mm}$$

② 工字形截面

根据 $W_z \geqslant 8 \times 10^5 \text{mm}^3$，查型钢表，应选用 No36a 工字钢，其面积 $A=76.3 \times 10^2 \text{mm}^2$。

(3) 比较两种截面梁的重量

$$\frac{A_\text{工}}{A_\text{矩}} = \frac{76.3 \times 10^2}{106 \times 212} = 0.33$$

上述结果表明，工字形截面梁的重量比矩形截面梁的重量轻很多。因此，在满足强度要求的条件下，采用工字形梁既节省材料，又减轻了结构的重量。

【例 7-12】 图 7-26（a）所示圆截面外伸梁，其外伸部分是空心的，已知：$F=10\text{kN}$，

$q=5\text{kN/m}$，$[\sigma]=120\text{MPa}$，试校核梁的强度。

解 （1）求约束反力　由整体平衡方程得 $F_A=17.5\text{kN}$，$F_B=32.5\text{kN}$

（2）确定危险截面及其上的弯矩值　剪力图和弯矩图如图 7-26（b）、(c) 所示，最大弯矩发生在 $x=3500\text{mm}$ 的 E 截面上，故 E 截面为可能的危险截面。但注意到外伸端为空心圆截面，其上 B 截面的弯矩值也较大，故 B 截面也是可能的危险截面。

（3）校核梁的强度

E 截面：

$$\sigma_{\max}=\frac{M_E}{W_z}=\frac{32M_E}{\pi d^3}=\frac{32\times30.6\times10^6}{\pi\times140^3}=114\text{MPa}<[\sigma]$$

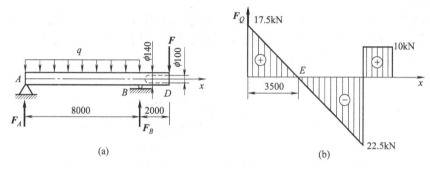

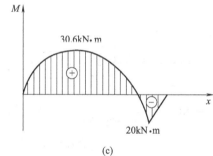

图 7-26　外伸梁

B 截面：

$$\sigma_{\max}=\frac{M_B}{W_z}=\frac{32M_E}{\pi D^3(1-\alpha^4)}$$

$$=\frac{32\times20\times10^6}{\pi\times140^3\times\left[1-\left(\frac{100}{140}\right)^4\right]}$$

$$=100\text{MPa}<[\sigma]$$

故梁的强度足够。

课题四　提高梁弯曲强度的措施

所谓提高梁的强度，是指用尽可能少的材料，使梁能承受尽可能大的载荷，达到既经济又安全，以及减轻重量等目的。

在一般情况下，梁的强度主要是由正应力强度条件控制的。所以要提高梁的强度，应该

在满足梁承载能力的前提下，尽可能减小梁的弯曲正应力。由正应力强度条件

$$\sigma_{max}=\frac{M_{max}}{W_z}\leqslant[\sigma]$$

可见，在不改变所用材料的前提下，应从减小最大弯矩 M_{max} 和增大弯曲截面系数 W_z 两方面考虑。

一、减小最大弯矩

1. 合理布置载荷

图 7-27 所示四根相同的简支梁，受相同的外力作用，但外力的布置方式不同，则相对应的弯矩图也不同。

比较图 7-27（a）和（b），图（b）梁的最大弯矩比图（a）小，显然图（b）载荷布置比图（a）合理。所以，当载荷可布置在梁上任意位置时，则应使载荷尽量靠近支座。例如，机械中齿轮轴上的齿轮常布置在紧靠轴承处。

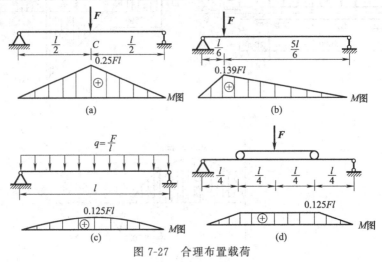

图 7-27 合理布置载荷

比较图 7-27（a）和图（c）、图（d），图（c）与图（d）梁的最大弯矩相等，且只有图（a）梁的一半。所以，当条件允许时，尽可能将一个集中载荷改变为均布载荷，或者分散为多个较小的集中载荷。例如工程中设置的辅助梁，大型汽车采用的密布车轮等。

2. 合理布置支座

图 7-28（a）所示简支梁，其最大弯矩

$$M_{max}=\frac{1}{8}ql^2=0.125ql^2$$

图 7-28（b）所示外伸梁，其最大弯矩

$$M_{max}=\frac{1}{40}ql^2=0.025ql^2$$

由以上计算可见，图 7-28（b）梁的最大弯矩仅是图 7-28（a）梁最大弯矩的 $\frac{1}{5}$。所以图（b）支座布置比较合理。

为了减小梁的弯矩，还可以采用增加支座以减小梁跨度的方法，如图 7-28（c），最大弯矩 $M_{max}=0.03125ql^2$，为图（a）的 $\frac{1}{4}$；若增加两个支座 [图 7-28（d）]，则 $M_{max}=$

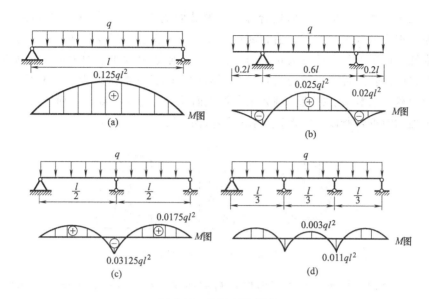

图 7-28 合理布置支座

$0.011ql^2$，为图（a）的 $\frac{1}{11}$。

二、提高弯曲截面系数

弯曲截面系数是与截面形状和截面尺寸有关的几何量。在材料相同的情况下，梁的自重与截面面积 A 成正比。为了减轻自重，就必须合理设计梁的截面形状。从弯曲强度方面考虑，梁的合理截面形状指的是在截面面积相同时，具有较大的弯曲截面系数 W_z 值的截面。例如一个高为 h、宽为 b 的矩形截面梁（$h>b$），截面竖放［图 7-29 (a)］比横放［图 7-29 (b)］抗弯强度大，这是竖放时的弯曲截面系数比横放时的弯曲截面系数大的缘故。

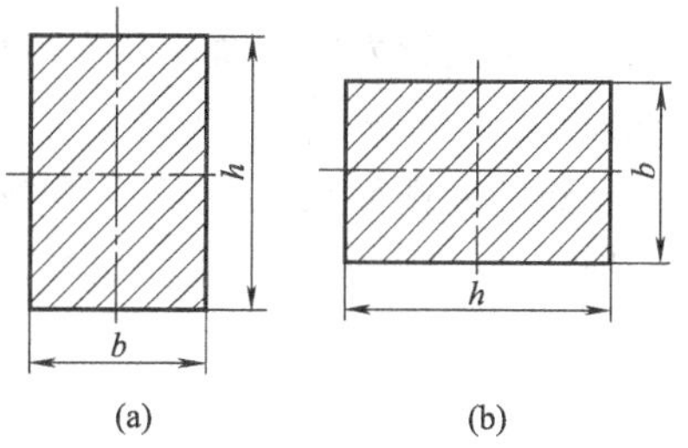

比较各种不同形状截面的合理性和经济性，可以通过 $\frac{W}{A}$ 来进行。比值越大，表示这种截面在相同截面面积时承受弯曲的能力越大，其截面形状越合理。例如：

图 7-29 矩形截面

直径为 h 的圆形截面

$$\frac{W}{A}=\frac{\pi h^3/32}{\pi h^2/4}=\frac{h}{8}=0.125h$$

高为 h 宽为 b 的矩形截面

$$\frac{W}{A}=\frac{bh^2/6}{bh}=0.167h$$

高为 h 的槽形及工字形截面

$$\frac{W}{A}=(0.27\sim0.31)h$$

可见，工字形截面、槽形截面较合理，圆形截面最不合理，如图 7-30 所示。其原因只要从横截面上正应力分布规律来分析，就迎刃而解了。正应力强度条件主要是控制最大弯矩截面上离中性轴最远处各点的最大正应力，而中性轴附近处的正应力很小，材料没有充分发挥作用。若将中性轴附近的一部分材料转移到离中性轴较远的边缘上，既充分利用了材料，又提高了弯曲截面系数 W_z 的值。例如工字钢截面设计符合这一要求，而圆形截面的材料比较集中在中性轴附近，所以工字形截面比圆形截面合理。

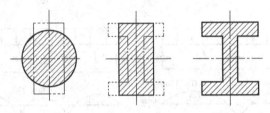

图 7-30　不同截面形状的比较

应该指出，合理的截面形状还应考虑材料的性质。对于抗拉和抗压强度相同的塑性材料，应采用对称于中性轴的截面，如矩形、工字形等。对于抗拉和抗压强度不同的脆性材料，应采用对中性轴不对称的截面，并使中性轴靠近受拉一侧，如 T 形、U 形等。

三、等强度梁

一般情况下，梁的弯矩随截面位置而变化。因此，按正应力强度条件设计的等截面梁，除最大弯矩截面处外，其他截面上的弯矩都比较小，弯曲正应力也小，材料未得到充分的利用，故采用等截面梁是不经济的。

工程中常根据弯矩的变化规律，相应地使梁截面沿轴线变化，制成变截面的梁。在弯矩较大处，采用较大的截面；在弯矩较小处，采用较小的截面。这种截面沿梁轴变化的梁称为变截面梁。

理想的变截面梁应使所有横截面上的弯曲正应力均相等，并等于材料的弯曲许用应力，即

$$\sigma_{\max}=\frac{M(x)}{W(x)}=[\sigma]$$

由此可得各截面的弯曲截面系数为

$$W(x)=\frac{M(x)}{[\sigma]} \tag{7-14}$$

式 (7-14) 表示等强度梁弯曲截面系数 $W(x)$ 沿梁的轴线变化规律。

从强度以及材料的利用上来看，等强度梁很理想。但这种梁的加工及制造比较困难，故在工程中一些弯曲构件大都设计成近似的等强度梁。例如建筑结构中的"鱼腹梁"[图 7-31 (a)]，机械中的阶梯轴 [图 7-31 (b)] 等。

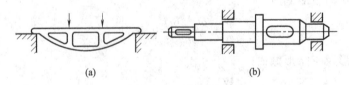

图 7-31　等强度梁

综上所述，提高梁强度的措施很多，但在实际设计构件时，不仅应考虑弯曲强度，还应考虑刚度、稳定性、工艺要求等诸多因素。

课题五　梁的弯曲刚度

工程实际中，对某些受弯杆件，不仅要求它具有足够的强度，而且要求它的形变不能过大，即要求它具有足够的刚度。如图 7-32 所示的齿轮轴，若轴的变形过大，将影响齿轮的啮合，加速齿轮和轴承的磨损，产生噪声和振动，降低寿命。精密机床、模锻压力机等，对主轴、床身及工作台的弯曲变形都有一定的限制，以保证得到较高的加工精度。

一、挠度和转角

如图 7-33 所示悬臂梁，当梁在位于纵向对称面内的载荷作用下发生平面弯曲时，其轴线在对称面内由一根直线弯成一条光滑的平面曲线，此曲线称为挠曲线。

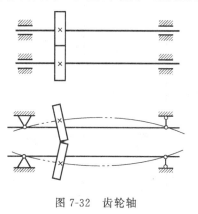

图 7-32　齿轮轴

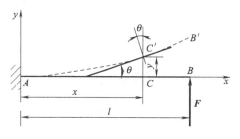

图 7-33　挠曲线

为了表示梁的变形，通常选取变形前梁的轴线为 x 轴，y 轴垂直于梁的轴线。从图7-33可以看出，当梁在 x-y 平面内发生弯曲变形时，梁内各横截面在该平面内同时发生线位移和角位移。

1. **挠度**

梁上任意横截面的形心在垂直于 x 轴线方向上的线位移，称为挠度，用符号 y 表示，并规定与 y 轴正向相同时为正，反向时为负。

2. **转角**

梁横截面相对于变形前初始位置绕中性轴所转过的角度，称为转角，用符号 θ 表示，并规定逆时针旋转的转角为正，顺时针旋转的转角为负。

二、叠加法求梁的位移

在材料服从虎克定律和小变形条件下，梁的转角和挠度与梁上的载荷成线性关系，每一载荷引起的变形不受其他载荷的影响。于是当梁上有多个载荷作用时，可先分别计算各个载荷单独作用下引起的挠度或转角，然后算出它们的代数和，即可得到在这些载荷共同作用下梁的挠度或转角。这种方法称为叠加法。

梁在简单载荷作用下的挠度和转角列入表 7-1 中，以便查用。

表 7-1 简单载荷作用下梁的挠度和转角

序号	梁的简图	挠曲线方程	截面转角	最大挠度
1	悬臂梁，自由端 B 受力偶 M	$y(x)=-\dfrac{Mx^2}{2EI}$	$\theta_B=-\dfrac{Ml}{EI}$	$y_B=-\dfrac{Ml^2}{2EI}$
2	悬臂梁，自由端 B 受集中力 F	$y(x)=-\dfrac{Fx^2}{6EI}(3l-x)$	$\theta_B=-\dfrac{Fl^2}{2EI}$	$y_B=-\dfrac{Fl^3}{3EI}$
3	悬臂梁受均布载荷 q	$y(x)=-\dfrac{qx^2}{24EI}(x^2-4lx+6l^2)$	$\theta_B=-\dfrac{ql^3}{6EI}$	$y_B=-\dfrac{ql^4}{8EI}$
4	悬臂梁，C 点受集中力 F	$y(x)=-\dfrac{Fx^2}{6EI}(3a-x)$，$0\leqslant x\leqslant a$ $y(x)=-\dfrac{Fa^2}{6EI}(3x-a)$，$a\leqslant x\leqslant l$	$\theta_B=-\dfrac{Fa^2}{2EI}$	$y_B=-\dfrac{Fa^2}{6EI}(3l-a)$
5	简支梁中点 C 受集中力 F	$y(x)=-\dfrac{Fx}{48EI}(3l^2-4x^2)$，$0\leqslant x\leqslant l/2$	$\theta_A=-\theta_B=-\dfrac{Fl^2}{16EI}$	$y_C=-\dfrac{Fl^3}{48EI}$
6	简支梁 C 点受集中力 F	$y(x)=-\dfrac{Fbx}{6EIl}(l^2-x^2-b^2)$，$0\leqslant x\leqslant a$ $y(x)=-\dfrac{Fb}{6EIl}\left[\dfrac{l}{b}(x-a)^3+(l^2-b^2)x-x^3\right]$，$a\leqslant x\leqslant l$	$\theta_A=-\dfrac{Fab(l+b)}{6EIl}$ $\theta_B=\dfrac{Fab(l+a)}{6EIl}$	设 $a>b$ $x=\sqrt{\dfrac{l^2-b^2}{3}}$ 处 $y_{\max}=-\dfrac{Fb\sqrt{(l^2-b^2)^3}}{9\sqrt{3}EIl}$ $x=\dfrac{l}{2}$ 处 $y_{中}=-\dfrac{Fb(3l^2-4b^2)}{48EI}$
7	简支梁 B 端受力偶 M	$y(x)=-\dfrac{Mx}{6EIl}(l^2-x^2)$	$\theta_A=-\dfrac{Ml}{6EI}$ $\theta_B=\dfrac{Ml}{3EI}$	$x=\dfrac{l}{\sqrt{3}}$ 处 $y_{\max}=-\dfrac{Ml^2}{9\sqrt{3}EI}$ $x=\dfrac{l}{2}$ 处 $y_{中}=-\dfrac{Ml^2}{16EI}$
8	简支梁受均布载荷 q	$y(x)=-\dfrac{qx}{24EI}(l^3-2lx+x^3)$	$\theta_A=-\theta_B=-\dfrac{ql^3}{24EI}$	$y=-\dfrac{5ql^4}{384EI}$

续表

序号	梁的简图	挠曲线方程	截面转角	最大挠度
9	(图：简支梁AB，支座间距为l，a+b=l，在距A为a处作用力偶M，θ_A、θ_B)	$y(x)=\dfrac{Mx}{6EIl}(l^2-3b^2-x^2)$ $0 \leqslant x \leqslant a$ $y(x)=-\dfrac{M(l-x)}{6EIl}[l^2-3a^2-(l-x)^2]$ $a \leqslant x \leqslant l$	$\theta_A=\dfrac{M}{6EIl}(l^2-3b^2)$ $\theta_B=\dfrac{M}{6EIl}(l^2-3a^2)$	$x=\sqrt{\dfrac{l^2-3b^2}{3}}$ 处 $y_{max}=\dfrac{M(l^2-3b^2)^{3/2}}{9\sqrt{3}EIl}$ $x=\sqrt{\dfrac{l^2-3a^2}{3}}$ 处 $y_{max}=\dfrac{-M(l^2-3a^2)^{3/2}}{9\sqrt{3}EIl}$
10	(图：外伸梁，AB段长l，BC段长a，C端有集中力F)	$y(x)=\dfrac{Fax}{6EIl}(l^2-x^2)$ $0 \leqslant x \leqslant l$ $y(x)=-\dfrac{F(x-l)}{6EI}[a(3x-l)-(x-l)^2]$ $l \leqslant x \leqslant (l+a)$	$\theta_A=-\dfrac{1}{2}\theta_B$ $=\dfrac{Fal}{6EI}$ $\theta_C=-\dfrac{Fa}{6EI}(2l+3a)$	$y_C=-\dfrac{Fa^2}{3EI}(l+a)$ 在 $x=\dfrac{l}{\sqrt{3}}$ 处 $y(x)=\dfrac{Fal^2}{9\sqrt{3}EI}$
11	(图：外伸梁，AB段长l，BC段长a，C端有力偶M)	$0 \leqslant x \leqslant l$ $y=-\dfrac{Mx}{6lEI}(l^2-x^2)$ $l \leqslant x \leqslant l+a$ $y=\dfrac{M}{6EI}(3x^2-4lx+l^2)$	$\theta_A=\dfrac{Ml}{6EI}$ $\theta_B=\dfrac{Ml}{3EI}$ $\theta_C=\dfrac{M}{3EI}(l+3a)$	在 $x=\dfrac{l}{\sqrt{3}}$ 处 $y=\dfrac{Ml^2}{9\sqrt{3}EI}$ 在 $x=l+a$ 处 $y_C=\dfrac{Ma}{6EI}(2l+3a)$
12	(图：外伸梁，AB段长l，BC段长a，BC段作用均布载荷q)	$0 \leqslant x \leqslant l$ $y=\dfrac{qa^2}{12EI}\left(lx-\dfrac{x^3}{l}\right)$ $l \leqslant x \leqslant l+a$ $y=-\dfrac{qa^2}{12EI}\left[\dfrac{x^3}{l}-\dfrac{(2l+a)(x-l)^3}{al}+\dfrac{(x-l)^4}{2a^2}-lx\right]$	$\theta_A=+\dfrac{qa^2l}{12EI}$ $\theta_B=-\dfrac{qa^2l}{6EI}$ $\theta_C=-\dfrac{qa^2}{6EI}(l+a)$	在 $x=\dfrac{l}{\sqrt{3}}$ 处 $y=\dfrac{qa^2l^2}{18\sqrt{3}EI}$ 在 $x=l+a$ 处 $y_C=\dfrac{qa^3}{24EI}(3a+4l)$

【例 7-13】 图 7-34（a）所示简支梁，受集中力 F 和均布载荷 q 作用，梁长 l，弯曲刚度 EI 为常数。求跨中点 C 的挠度及截面 A 的转角。

解 图 7-34（a）相当于图（b）和图（c）两种受力情况的叠加。

（1）各种载荷单独作用下跨中点的挠度和截面 A 的转角 由表 7-1 可查得：

$$y_{Cq}=-\dfrac{5ql^4}{384EI},\quad \theta_{Aq}=-\dfrac{ql^3}{24EI}$$

$$y_{CF}=-\dfrac{Fl^3}{48EI},\quad \theta_{AF}=-\dfrac{Fl^2}{16EI}$$

（2）应用叠加法求梁跨中点 C 的挠度及截面 A 的转角

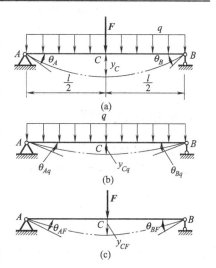

图 7-34 简支梁

$$y_C = y_{Cq} + y_{CF} = -\frac{5ql^4}{384EI} - \frac{Fl^3}{48EI}$$

$$\theta_A = \theta_{Aq} + \theta_{AF} = -\frac{ql^3}{24EI} - \frac{Fl^2}{16EI}$$

【例 7-14】 图 7-35（a）所示外伸梁，受集中力 F 和力偶 $M = Fa$ 作用，梁长 l 和 a 已知，弯曲刚度 EI 为常数。求截面 C 的挠度和转角。

解 图 7-35（a）相当于图（b）和图（c）两种受力情况的叠加。

（1）在集中力 F 单独作用下的外伸梁的大致变形曲线如图（b）中双点画线所示。BC 段梁因没有外力作用，故可把 BC 段视为刚体随 AB 段梁的变形作刚性转动，即 BC 段是在 B 处与 AB 段曲线相切的直线段。而 BC 段的转角为常量，故 $\theta_{CF} = \theta_{BF}$。所以，截面 C 的挠度

$$y_{CF} = a\tan\theta_{CF} \approx \theta_{CF}a = \theta_{BF}a$$

由表 7-1 查得载荷 F 引起的 B 端的转角为

$$\theta_{BF} = \frac{Fl^2}{16EI}$$

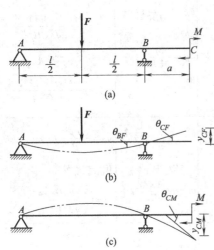

图 7-35 外伸梁

由 F 引起截面 C 的挠度

$$y_{CF} = \theta_{BF}a = \frac{Fl^2 a}{16EI}$$

（2）在集中力偶 M 单独作用下，外伸梁截面 C 的转角和挠度 由表 7-1 查得

$$\theta_{CM} = -\frac{M}{3EI}(l+3a) = -\frac{Fa}{3EI}(l+3a)$$

$$y_{CM} = -\frac{Ma}{6EI}(2l+3a) = -\frac{Fa^2}{6EI}(2l+3a)$$

（3）叠加以上结果，得到在集中力和力偶共同作用下梁截面 C 的转角和挠度分别为

$$\theta_C = \theta_{CF} + \theta_{CM} = \frac{Fl^2}{16EI} - \frac{Fa}{3EI}(l+3a)$$

$$y_C = y_{CF} + y_{CM} = \frac{Fl^2 a}{16EI} - \frac{Fa^2}{6EI}(2l+3a)$$

三、梁的刚度计算

在工程实际中，对梁的刚度要求，就是根据不同工作需要，对其最大挠度和最大转角（或指定截面的挠度和转角）限制在所规定的允许值之内，即

$$|\theta|_{\max} \leqslant [\theta]$$

$$|y|_{\max} \leqslant [y]$$

上两式称为梁的刚度条件。式中 $|\theta|_{\max}$ 和 $|y|_{\max}$ 为梁产生的最大转角和最大挠度的绝对值，$[\theta]$ 和 $[y]$ 分别为对梁规定的许用转角和许用挠度，其值可从有关手册或规范中查得。

【例 7-15】 图 7-36（a）所示矩形截面梁，已知 $q=10\text{kN/m}$，$l=3\text{m}$，$E=196\text{GPa}$，$[\sigma]=118\text{MPa}$，许用挠度 $[y]=l/250$。试设计截面尺寸（$h=2b$）。

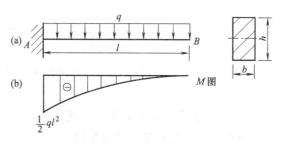

图 7-36 悬臂梁

解 （1）按强度设计 弯矩图如图 7-36（b）所示。最大弯矩

$$M_{\max}=\frac{1}{2}ql^2=\frac{1}{2}\times 10\times 3^2=45\text{kN}\cdot\text{m}$$

矩形截面弯曲截面系数

$$W_z=\frac{bh^2}{6}=\frac{2b^3}{3}$$

由强度条件

$$\sigma_{\max}=\frac{M_{\max}}{W_z}\leqslant[\sigma]$$

$$b\geqslant\sqrt[3]{\frac{3M_{\max}}{2[\sigma]}}=\sqrt[3]{\frac{3\times 45\times 10^6}{2\times 118}}\text{mm}=83\text{mm}$$

$$h=2b=166\text{mm}$$

（2）按刚度设计 由表 7-1 查得最大挠度值为

$$y_{\max}=|y_B|=\frac{ql^4}{8EI}$$

矩形截面的惯性矩 $I=\dfrac{bh^3}{12}=\dfrac{2b^4}{3}$

根据刚度条件，由 $|y|_{\max}\leqslant[y]$，有

$$\frac{ql^4}{8EI}\leqslant\frac{l}{250}$$

$$b\geqslant\sqrt[4]{\frac{3\times 250ql^3}{2\times 8E}}=\sqrt[4]{\frac{3\times 250\times 10\times(3\times 10^3)^3}{2\times 8\times 196\times 10^3}}\text{mm}=89.6\text{mm}$$

取 $b=90\text{mm}$，$h=180\text{mm}$。

（3）根据强度和刚度设计结果，确定截面尺寸 比较以上两个计算结果，应取刚度设计得到的尺寸作为梁的最终设计尺寸，即 $b=90\text{mm}$，$h=180\text{mm}$。

习 题

一、判断题

1. 梁平面弯曲时，各截面绕其中性轴发生相对转动。　　　　　　　　　　　　（　　）

2. 只要所有外力均作用在过轴线的纵向对称平面内，杆件可能发生平面弯曲。（　）

3. 在集中力作用处，剪力图发生突变，其突变值等于此集中力；而弯矩图在此处发生转折。（　）

4. 在集中力偶作用处，剪力值不变；而弯矩图发生突变，突变值等于该集中力偶矩。（　）

5. 设梁水平放置，横截面上的剪力，在数值上等于作用在此截面任一侧（左侧或右侧）梁上所有外力的代数和。（　）

6. 设梁水平放置，用截面法确定梁横截面上的剪力或弯矩时，若分别取截面以左或以右为研究对象，则所得到的剪力或弯矩的符号通常是相反的。（　）

7. 简支梁仅作用一个主动力的集中力 F，则梁的最大剪力值不会超过 F 值。（　）

8. 梁的弯矩图上某一点的弯矩值为零，该点所对应的剪力图上的剪力值也一定为零。（　）

9. 在梁上某一点的剪力值为零，则对应的弯矩图在该点的斜率也为零；反过来，若弯矩图某点的斜率为零，则对应的剪力图在该点的剪力值也为零。（　）

10. 设梁水平放置，从左向右检查剪力图的正误时，可以看出，凡集中力作用处剪力图发生突变，突变值的大小和方向与集中力相同，若集中力向上，则剪力图向上突变。（　）

二、选择题

1. 梁在纯弯曲时，其横截面的正应力变化规律与纵向纤维应变的变化规律是_____的。

　　A. 相似　　　　　B. 相同　　　　　C. 相反

2. 梁在平面弯曲时，其中性轴与梁的纵向对称面是_____。

　　A. 垂直的　　　　B. 平行的　　　　C. 成任意角度的

3. 梁弯曲时，横截面离中性轴距离相同的各点处正应力是_____。

　　A. 随截面形状的不同而不同

　　B. 不同的

　　C. 相同的

4. 已知外径为 D，内径为 d 的空心截面梁，其抗弯截面系数是_____。

　　A. $W_z = \dfrac{\pi}{32}(D^3 - d^3)$　　　　B. $W_z = \dfrac{\pi}{64}(D^4 - d^4)$

　　C. $W_z = \dfrac{\pi D^3}{32}\left(1 - \dfrac{d^4}{D^4}\right)$

5. 如图 7-37 所示受均布载荷作用的四个梁，为了提高梁的承载能力，_____方式安排最合理。

6. 下面四种形式的截面，其截面面积相同，从抗弯强度角度来看，_____是最合理的。

　　A. 矩形　　　　　B. 圆形　　　　　C. 工字形　　　　D. 空心圆形

7. 若将圆截面梁的直径增大为原来的 2 倍，则允许梁内的最大弯矩值将增大为原来的_____倍。

　　A. 4　　　　　　B. 6　　　　　　C. 8

8. _____梁在平面弯曲时，其截面上的最大拉、压应力绝对值是不相等的。

　　A. 工字形截面　　B. T 字形截面　　C. 矩形截面

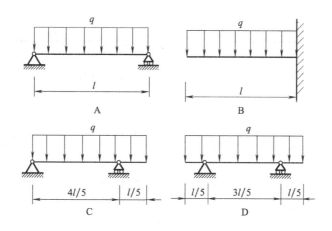

图 7-37 题二、5 图

9. 梁的上部受压，下部受拉的铸铁梁，选择_____截面形状的梁合理。
A. 工字形　　　B. T 形正放　　　C. T 形倒放

10. 梁的变形叠加原理适用的条件是_____。
A. 梁的变形是小变形
B. 梁的变形是小变形，且梁内的正应力不超过弹性极限
C. 梁的变形是小变形，且梁内的正应力不超过比例极限

三、计算作图题

1. 试计算图 7-38 所示各梁指定横截面的剪力和弯矩。

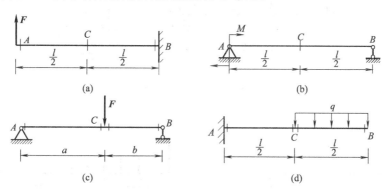

图 7-38 题三、1 图

2. 试建立图 7-39 所示各梁的剪力、弯矩方程，并作剪力、弯矩图。

3. 木制矩形截面梁受均布载荷，如图 7-40 所示，$[\sigma]=10$MPa，试校核梁的强度。

4. 图 7-41 所示为一工字形钢梁，跨中作用集中力 $F=20$kN，跨长 $l=6$m，工字钢的型号为 20a，$[\sigma]=160$MPa，试校核梁的强度。

5. 图 7-42 所示一圆形截面木梁受力 $F=3$kN，$q=3$kN/m，弯曲许用应力 $[\sigma]=10$MPa。试设计截面直径 d。

6. 一矩形截面梁如图 7-43 所示。已知：$F=2$kN，$h=3$b，$[\sigma]=8$MPa，试设计截面尺寸。

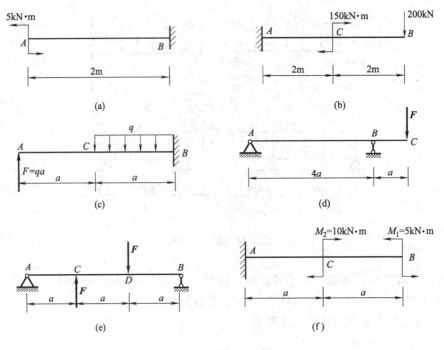

图 7-39 题三、2 图

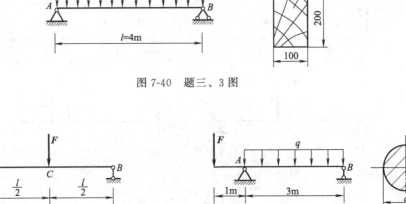

图 7-40 题三、3 图

图 7-41 题三、4 图

图 7-42 题三、5 图

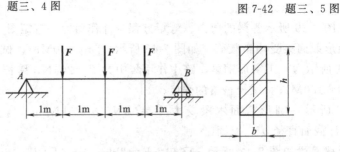

图 7-43 题三、6 图

7. 用叠加法求图 7-44（a）梁截面 B 的挠度和转角，图 7-44（b）梁截面 A 的转角和截面 B 的挠度。

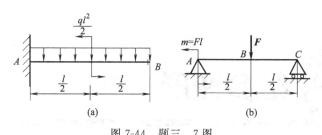

图 7-44　题三、7 图

单元八 组合变形

前面几单元讨论了杆件在拉伸（压缩）、剪切、扭转和弯曲等基本变形下的强度和刚度的计算问题。但在工程实际中，一些杆件往往同时产生两种或两种以上的基本变形，这些变形形式称为组合变形。如图 8-1 所示的车刀，同时受到压缩与弯曲的作用；图 8-2 所示卷扬机轴同时受到弯曲与扭转的作用。本单元只介绍工程中常见的两种组合变形，即拉伸（压缩）与弯曲的组合变形，弯曲与扭转的组合变形。

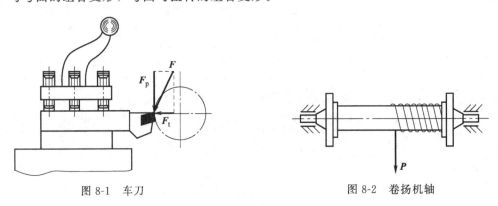

图 8-1　车刀　　　　　　　　　　　图 8-2　卷扬机轴

课题一　拉伸（压缩）与弯曲的组合变形

拉伸或压缩与弯曲的组合变形是工程上常见的变形形式。因为工作状态下的杆件一般都处于线弹性范围内，而且变形很小，因而作用在杆件上的任一载荷引起的应力一般不受其他载荷的影响。所以，可应用叠加原理来分析计算。现以图 8-3 所示的矩形截面悬臂梁为例进行说明。

一、外力分析

图 8-3 所示矩形截面构件，一端固定，另一端自由，在自由端受集中力 F 作用，该力位于构件纵向对称平面内且与轴线成 φ 角，将 F 分解成两分力 F_x、F_y，则

$$F_x = F\cos\varphi, \quad F_y = F\sin\varphi$$

在轴向分力 F_x 单独作用下构件产生轴向拉伸变形，在横向分力 F_y 单独作用下使构件产生弯曲变形。可见，构件在 F 力作用下发生轴向拉伸与弯曲的组合变形。

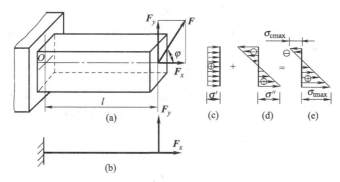

图 8-3 拉弯组合变形

二、内力和应力分析

构件任一横截面的轴力都相等，$N=F_x$，横截面上有均布的正应力，如图 8-3 (c) 所示，其值为

$$\sigma' = \frac{N}{A}$$

构件的固定端截面上的弯矩值最大，此截面为危险截面，其弯矩值为 $M=F_y l$，此时横截面上的应力分布如图 8-3 (d) 所示，最大弯曲正应力的绝对值为

$$\sigma'' = \frac{M}{W_z}$$

根据叠加原理，将危险截面上的弯曲正应力与拉伸正应力代数相加后，得到危险截面上总的正应力，其沿截面高度按直线规律变化的情况如图 8-3 (e) 所示。截面上、下边缘各点的应力值分别为

$$\sigma_{tmax} = \frac{N}{A} + \frac{M}{W_z} \tag{8-1}$$

$$\sigma_{cmax} = \frac{N}{A} - \frac{M}{W_z} \tag{8-2}$$

三、强度条件

对于塑性材料，为了保证此组合变形构件的承载能力，必须使其横截面上的最大正应力小于或等于材料的许用应力，故得出

$$\sigma_{max} = \frac{N}{A} + \frac{M_{max}}{W_z} \leqslant [\sigma] \tag{8-3}$$

式 (8-3) 即为构件在拉伸与弯曲组合变形时的强度条件。若为压缩与弯曲的组合变形，则其强度条件为

$$\sigma_{max} = \left| -\frac{N}{A} - \frac{M_{max}}{W_z} \right| \leqslant [\sigma] \tag{8-4}$$

对于脆性材料，因材料的抗拉与抗压强度不同，应分别校核最大拉应力和最大压应力。

【例 8-1】 图 8-4 所示钻床，钻床立柱为空心铸铁管，管的外径为 $D=140\text{mm}$，内、外径之比 $d/D=0.75$。铸铁的拉伸许用应力 $[\sigma_t]=35\text{MPa}$，压缩许用应力 $[\sigma_c]=90\text{MPa}$。钻

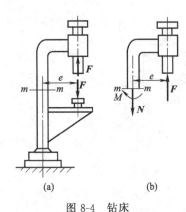

图 8-4 钻床

孔时钻头和工作台面受到力 F 为 15kN 的作用,力 F 与立柱轴线之间的距离(偏心矩)$e=400$mm。试校核立柱的强度。

解 (1) 内力分析

用假想截面 $m—m$ 将立柱截开,取上半部为研究对象,如图 8-4(b)所示。由平衡条件得截面上的轴力和弯矩分别为

$$N=F=15\text{kN}(拉力)$$
$$M=Fe=15\times10^3\times400\times10^{-3}\text{N}\cdot\text{m}=6000\text{N}\cdot\text{m}$$

(2) 确定危险截面并校核立柱强度

立柱是一个拉伸与弯曲的组合变形构件,因为立柱内所有横截面上的轴力和弯矩都是相同的,所以,所有横截面的危险程度是相同的。由式(8-1)、式(8-2)知,$|\sigma_{tmax}|>|\sigma_{cmax}|$,又铸铁的 $[\sigma_t]<[\sigma_c]$,故应对最大拉应力进行强度计算。

即

$$\sigma_{tmax}=\frac{N}{A}+\frac{M}{W_z}=\frac{N}{\frac{1}{4}\pi\times(D^2-d^2)}+\frac{M}{\frac{\pi D^3}{32}(1-\alpha^4)}$$

$$=\frac{4\times15\times10^3}{\pi\times[140^2-(0.75\times140)^2]}+\frac{32\times6000\times10^3}{\pi\times140^3(1-0.75^4)}=34.84\text{MPa}<[\sigma_t]$$

故立柱满足强度要求。

【例 8-2】 图 8-5 所示悬臂吊车由 16 号工字钢 AC 和拉杆 BD 组成,起吊重量 $F=10$kN,横梁 AC 材料的许用应力 $[\sigma]=160$MPa,试校核 AC 梁的强度。

解 (1) 外力计算 绘 AC 梁的受力图,如图 8-5(b)所示

$$\sum M_A=0 \qquad N_y\times2.5-F\times4=0$$
$$N_y=16\text{kN}$$

因

$$\frac{N_x}{N_y}=\frac{2.5}{0.8}$$

得

$$N_x=50\text{kN}$$

(2) 内力分析,确定危险截面

分别绘 AC 梁的轴力图和弯矩图如图 8-5(c)、(d)

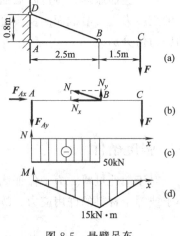

图 8-5 悬臂吊车

所示。由图可知,梁 BC 段受弯,梁 AB 段受压缩和弯曲的组合变形。最大轴力为 $N_x=50$kN,最大弯矩 $M_{max}=15$kN·m,因此危险截面为 AB 段的 B 截面。

(3) 校核梁的强度

对 16 号工字钢,查型钢表得

$$W_z=141\text{cm}^3, A=26.1\text{cm}^2$$

$$\sigma_{max}=\left|-\frac{N}{A}-\frac{M_{max}}{W_z}\right|=\left(\frac{50\times10^3}{26.1\times10^2}+\frac{15\times10^6}{141\times10^3}\right)\text{MPa}=125.6\text{MPa}<[\sigma]$$

所以 AC 梁的强度满足要求。

课题二 弯曲与扭转的组合变形

弯曲与扭转的组合变形是工程中常见的。下面举例说明其强度计算方法。

如图 8-6 所示，处于水平位置的曲拐，AB 段为等截面圆杆，A 端固定，在自由端 C 作用着集中载荷 F。下面讨论 AB 杆的强度计算。

（1）外力分析　将 C 端的集中载荷 F 向截面 B 等效平移，得到一个作用于 B 端的横向力 F 和一个力偶矩为 Fa 的力偶 T，如图 8-6（b）所示。横向力 F 使 AB 杆产生平面弯曲，力偶 T 使 AB 杆产生扭转，因此，AB 杆为弯曲与扭转的组合变形。

（2）内力分析　先绘制 AB 杆的弯矩和扭矩图 [图 8-6（c）、（d）]。由图可知，固定端 A 截面上的弯矩最大，而 AB 杆各截面上的扭矩均相等，故截面 A 为危险截面。

（3）应力分析　现分析截面 A 的应力情况。对于弯矩 M，横截面有正应力 σ，其分布图如图 8-6（e）所示。在此截面的最上边缘点 k_1 和最下边缘点 k_2 均有最大正应力，其值为

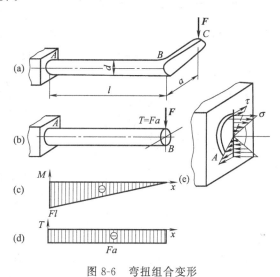

图 8-6　弯扭组合变形

$$\sigma = \frac{M}{W_z} \qquad (a)$$

对应于扭矩 T，横截面上有切应力 τ，其分布图如图 8-6（e）所示，在此截面上，圆周各点处的 τ 达到最大值。即

$$\tau = \frac{T}{W_P} \qquad (b)$$

（4）强度计算　由于在弯曲与扭转的组合变形中，杆件横截面上的切应力和正应力分别作用在两个相互垂直的平面内，故不能采用简单的应力叠加，应采用第三强度理论或第四强度理论（可参考《材料力学》教材）进行计算。其强度计算公式如下：

第三强度理论计算公式为

$$\sigma_{xd3} = \sqrt{\sigma^2 + 4\tau^2} \leqslant [\sigma] \qquad (8\text{-}5)$$

第四强度理论计算公式为

$$\sigma_{xd4} = \sqrt{\sigma^2 + 3\tau^2} \leqslant [\sigma] \qquad (8\text{-}6)$$

对于圆截面杆，$W_P = 2W_z \left(W_z = \frac{1}{32}\pi D^3\right)$，将式（a）、式（b）分别代入式（8-5）、式（8-6），得

$$\sigma_{xd3} = \frac{\sqrt{M^2 + T^2}}{W_z} \leqslant [\sigma] \qquad (8\text{-}7)$$

$$\sigma_{xd4} = \frac{\sqrt{M^2 + 0.75T^2}}{W_z} \leqslant [\sigma] \qquad (8\text{-}8)$$

σ_{xd}为相当应力,以上公式也适用于空心圆轴,只需以空心圆轴的弯曲截面系数代替实心圆轴的弯曲截面系数。

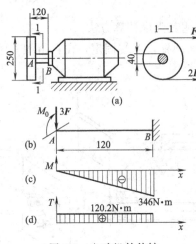

图 8-7 电动机外伸轴

【例 8-3】 电动机如图 8-7 所示,带轮直径 $D=250\text{mm}$,电动机外伸臂长度 $l=120\text{mm}$,轴直径 $d=40\text{mm}$,轴材料的许用应力 $[\sigma]=60\text{MPa}$,皮带紧边拉力是松边拉力的 2 倍,若电动机功率为 $P=9\text{kW}$,转速 $n=715\text{r/min}$,试按第三强度理论校核轴的强度。

解 (1) 外力分析 先计算外力偶矩

$$M_0 = 9550\frac{P}{n} = 9550 \times \frac{9}{715} = 120.2\text{N}\cdot\text{m}$$

然后计算带的拉力 F

$$F = \frac{2M_0}{D} = \left(\frac{2\times 120.2}{250\times 10^{-3}}\right)\text{N} = 961\text{N}$$

将带的拉力向轴的截面形心平移。把轴上水平方向的横向力 $3F$ 转动 90°后,轴的受力情况如图 8-7 (b) 所示。外力偶矩使轴发生扭转,横向力使轴弯曲。故轴的变形为扭转与弯曲的组合变形。

(2) 作内力图 作此轴的弯矩图和扭矩图如图 8-7 (c)、(d) 所示。

(3) 确定危险截面 由图 (c)、(d) 知,B 截面为危险截面

$$M = 346\text{N}\cdot\text{m}$$
$$T = 120.2\text{N}\cdot\text{m}$$

(4) 计算相当应力并校核强度

$$\sigma_{xd3} = \frac{\sqrt{M^2+T^2}}{W_z} = \frac{32\sqrt{(346\times 10^3)^2+(120.2\times 10^3)^2}}{\pi \times 40^3} = 58.3\text{MPa} < [\sigma]$$

此轴满足强度要求。

【例 8-4】 如图 8-8 所示的直角曲柄把手。AB 段为圆截面,BC 段为矩形截面,其高度 h 与圆截面直径相等,材料的许用应力 $[\sigma]=60\text{MPa}$。试用第三强度理论设计圆截面的直径 d,并设计矩形截面的高度 h 和宽度 b。

解 作曲柄的内力图,可知 BC 段为平面弯曲变形,AB 段为弯扭组合变形,需分段设计。

AB 段危险截面在固定端截面 A 处:

$$M = 150\text{N}\cdot\text{m}, T = 300\text{N}\cdot\text{m}$$

危险点在 A 截面上下边缘处,由第三强度理论的强度条件

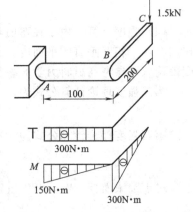

图 8-8 直角曲柄把手

$$\sigma_{xd3} = \frac{\sqrt{M^2+T^2}}{W_z} \leqslant [\sigma]$$

$$d \geqslant \sqrt[3]{\frac{32\sqrt{M^2+T^2}}{\pi[\sigma]}} = \sqrt[3]{\frac{32\times\sqrt{(150\times 10^3)^2+(300\times 10^3)^2}}{\pi\times 60}} = 38.5\text{mm}$$

所以取 $d=40\text{mm}$。

BC 段危险截面在 B 截面处，危险点是 B 截面的上下边缘点，由弯曲强度条件

$$\sigma_{\max}=\frac{M_B}{W_z}=\frac{6M_B}{bh^2}\leqslant[\sigma]$$

由于高度 $h=d=40\text{mm}$，所以

$$b\geqslant\frac{6M_B}{h^2[\sigma]}=\frac{6\times300\times10^3}{40^2\times60}=18.75\text{mm}$$

所以取 $b=20\text{mm}$。

故 AB 段 $d=40\text{mm}$，BC 段 $h=40\text{mm}$，$b=20\text{mm}$ 可满足强度要求。

习 题

一、判断题

1. 构件在载荷作用下，同时发生两种或两种以上的基本变形称为组合变形。（ ）
2. 圆形截面悬臂梁，其自由端只要作用有不与轴线垂直但与轴线相交的力，则该梁一定产生拉伸（压缩）与弯曲的组合变形。（ ）
3. 矩形截面悬臂梁，其自由端作用有不与轴线垂直但与轴线相交的力，只要该力位于纵向对称面内，则梁一定产生拉伸（压缩）与弯曲的组合变形。（ ）
4. 圆形截面悬臂梁，只要在其与轴线垂直的平面内作用有不与轴线相交的力，则悬臂梁一定发生扭转与弯曲的组合变形。（ ）
5. 组合变形某截面上的最大应力是该截面上各种应力的代数和。（ ）
6. 同一截面、同种性质、不同点的应力不能求其代数和。（ ）
7. 同一截面、同一点、不同性质的应力不能求其代数和。（ ）
8. 相当应力是弯曲正应力与扭转切应力的代数和。（ ）

二、选择题

1. 如图 8-9 所示的 AB 杆，将发生_____变形。

   A. 压弯组合　　　　　　B. 拉弯组合　　　　　　C. 弯扭组合

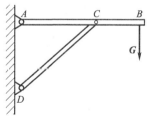

图 8-9　题二、1 图

2. 图 8-10 所示的各梁，发生弯扭组合变形的是_____图中的梁。
3. 拉伸（压缩）与弯曲的组合变形杆件应力的计算过程是：先分别计算各自基本变形引起的应力，然后再叠加。这样做的前提条件是杆件为_____。

   A. 线弹性　　　　　　　B. 小变形　　　　　　　C. 线弹性、小变形

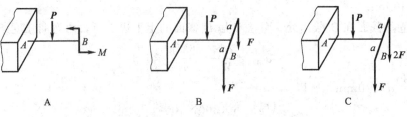

A　　　　　　　　　B　　　　　　　　　C

图 8-10　题二、2 图

4. 圆轴弯扭组合变形时，危险点的相当应力计算公式是_____。

A. $\sigma_{xd3}=\dfrac{\sqrt{M^2+T^2}}{W_z}$　　　B. $\sigma_{xd3}=\dfrac{\sqrt{M^2+0.75T^2}}{W_z}$　　　C. $\sigma_{xd3}=\sqrt{\dfrac{M^2+T^2}{W_z}}$

三、综合题

1. 悬臂吊车如图 8-11 所示，横梁采用 25a 工字钢，梁长 $l=4\text{m}$，$\alpha=30°$，电葫芦重 $F_1=4\text{kN}$，横梁重 $F_2=20\text{kN}$，横梁材料的许用应力 $[\sigma]=100\text{MPa}$，试校核横梁的强度。

2. 如图 8-12 所示的手摇绞车，绞车轴横截面为圆形，直径 $d=30\text{mm}$，其许用应力 $[\sigma]=80\text{MPa}$，起吊重量 $F=700\text{N}$。试用第三强度理论校核绞车轴的强度。

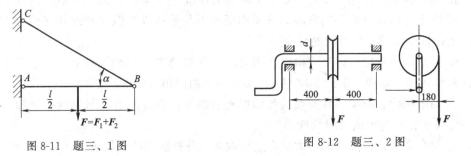

图 8-11　题三、1 图　　　　　　　　　图 8-12　题三、2 图

单元九 压杆稳定

课题一 压杆稳定的概念

对于压杆的强度问题，只要满足强度条件就能保证安全工作。这个结论对短粗压杆是正确的，但对于细长的压杆就不适用了。例如，一根宽 30mm，厚 2mm，长 400mm 的钢板条，设其材料的许用应力 $[\sigma]=160$MPa，按压缩强度条件计算，它的承载能力为

$$F \leqslant A[\sigma] = 30 \times 2 \times 160 = 9600 \text{N}$$

但实验发现，压力还没达到 70N 时，它已开始弯曲，若压力继续增大，则弯曲变形急剧增加，丧失了工作能力。此时的压力远小于 9600N，丧失工作能力是由它不能保持原来的直线形状造成的。可见细长压杆的承载能力不取决于它的压缩强度条件，而取决于它保持直线平衡状态的能力。压杆保持原有直线平衡状态的能力，称为压杆的稳定性。反之压杆丧失直线平衡状态而破坏，这种现象称为丧失稳定或失稳。

工程结构中有许多受压的细长直杆。例如内燃机配气机构中的挺杆［图 9-1（a）］，磨床液压装置的活塞杆［图 9-1（b）］，内燃机、空气压缩机、蒸汽机的连杆［图 9-1（c）］，桁架结构中的压杆等。这些压杆，必须保证它们具有足够的稳定性。

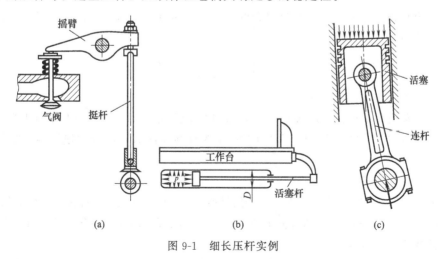

图 9-1 细长压杆实例

现以图 9-2（a）所示的细长压杆为例来说明压杆的稳定性问题。假设载荷的作用线与直

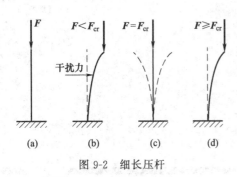

图 9-2 细长压杆

杆的轴线重合。在载荷小于某个极限时，杆件一直保持着直线形状的平衡状态，即单向压缩状态。现用微小的侧向干扰力使其暂时发生微小的变形，干扰力解除后，压杆经过几次摆动后仍将恢复到原来的直线平衡位置[图 9-2（b）]。这表明压杆原来的平衡状态是稳定的，称为稳定平衡状态。但当载荷超过某一个极限值的时候，直杆也能处于直线平衡状态，但只要用微小的侧向力干扰它，直杆立刻就弯曲，即使解除干扰力后，也不能恢复到原来的直线平衡状态，而保持着弯曲变形状态，甚至产生过大的弯曲变形或使杆件折断，以致完全丧失了承载能力即失稳[图 9-2（d）]。因此，这种平衡状态是暂时的、不稳定的，称为不稳定平衡状态。当作用在直杆上的压力正好为某一极限值时，压杆能处于直线平衡状态。若给一侧向干扰力使其产生弯曲，当干扰力解除后，弯曲变形不能完全消失，还保留很微小的弯曲变形。直杆一般都处于很微小的曲线形状的平衡状态，把这种状态称为临界状态[图 9-2（c）]。把上述所说的载荷的极限值称为临界载荷（或称为临界力），并记为 F_{cr}。现将上述三种状态总结如下：

当 $F<F_{cr}$ 时，压杆处于稳定的直线平衡状态；

当 $F>F_{cr}$ 时，压杆处于不稳定的直线平衡状态；

当 $F=F_{cr}$ 时，压杆处于临界状态。

临界状态是压杆从稳定平衡向不稳定平衡转化的极限状态。对一个具体的压杆来说，临界载荷是一个确定的值。只要压杆所受的实际载荷小于该杆的临界载荷，此杆就是稳定的。由此可见，掌握临界载荷的计算是解决压杆稳定性的关键。

课题二　细长压杆的临界载荷

当作用于细长压杆上的压力 F 与轴线重合，并达到临界值 F_{cr} 时，该压杆经干扰后处于曲线形状平衡状态。杆内应力不超过材料的比例极限情况下，根据弯曲变形理论可以求出临界载荷的大小为

$$F_{cr}=\frac{\pi^2 EI}{(\mu l)^2} \tag{9-1}$$

上式称为细长压杆的欧拉公式。

式中，μ 为长度系数，它取决于压杆端部的约束情况，l 为杆长，μl 称为相当长度。几种理想杆端约束情况下的 μ 值列于表 9-1 中。I 为杆横截面对中性轴的惯性矩；E 为材料的弹性模量。

由式（9-1）可以看出：

（1）F_{cr} 与 E、I、l、μ 有关，即与压杆的材料、截面形状和尺寸、杆长及支承情况有关；

（2）F_{cr} 与 EI 成正比，不同方向的 EI 不一样，压杆要求 EI 在各个方向上尽可能相差不大，且其数值尽可能大；

（3）F_{cr} 与 $(\mu l)^2$ 成反比，同一构件不同支承，μl 不一样，约束越强，F_{cr} 越大，越不易失稳；

表 9-1　细长压杆不同支承情况下的长度系数

支承情况	两端铰支	一端固定 一端铰支	两端固定	一端固定 一端自由
μ 值	1.0	0.7	0.5	2
挠曲线 形状				

（4）F_{cr} 非外力也非内力，是反映构件承载能力的力学量；

（5）该公式只适用于线弹性范围内的细长压杆。

【例 9-1】 柴油机的挺杆是钢制空心圆管，外径和内径分别为 12mm 和 10mm，杆长 383mm，钢材的弹性模量 $E=210$GPa。试求挺杆的临界载荷（假定挺杆为细长压杆）。

解 挺杆横截面的惯性矩为

$$I = \frac{\pi}{64}(D^4 - d^4) = \frac{\pi}{64}(12^4 - 10^4) = 526.7 \text{mm}^4$$

因为挺杆可简化为两端铰支的压杆，故挺杆的临界载荷为

$$F_{cr} = \frac{\pi^2 EI}{l^2} = \frac{\pi^2 \times 210 \times 10^3 \times 526.7}{383^2} = 7434\text{N} = 7.4\text{kN}$$

【例 9-2】 一端固定另一端自由细长压杆如图 9-3 所示，已知其弹性模量 $E=200$GPa，杆长 $l=2$m，矩形截面 $b=40$mm，$h=90$mm。试计算此压杆的临界载荷。若 $b=h=60$mm，长度不变，此压杆的临界载荷又为多少？

解（1）计算惯性矩

因为 $I_z > I_y$，压杆必绕 y 轴发生失稳，故计算惯性矩 I_y

$$I_y = \frac{hb^3}{12} = \frac{90 \times 40^3}{12} = 48 \times 10^4 \text{mm}^4$$

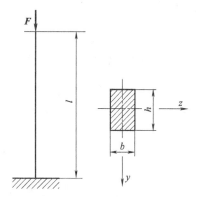

图 9-3　矩形截面压杆

（2）计算临界载荷

由表 9-1 得 $\mu=2$，由此得临界载荷为

$$F_{cr} = \frac{\pi^2 EI}{(\mu l)^2} = \frac{\pi^2 \times 200 \times 10^3 \times 48 \times 10^4}{(2 \times 2 \times 10^3)^2} = 59 \times 10^3 \text{N} = 59\text{kN}$$

（3）计算第二种情况下的临界载荷

$$I_z = I_y = \frac{bh^3}{12} = \frac{60^4}{12} = 108 \times 10^4 \text{mm}^4$$

临界载荷为

$$F_{cr} = \frac{\pi^2 EI}{(\mu l)^2} = \frac{\pi^2 \times 200 \times 10^3 \times 108 \times 10^4}{(2 \times 2 \times 10^3)^2} = 133 \times 10^3 \text{N} = 133\text{kN}$$

比较以上计算结果，两杆所用材料和截面面积都相同，但后者的临界载荷是前者的 2.25 倍。可见条件相同的情况下，采用正方形截面能提高压杆的临界载荷。

课题三　欧拉公式的适用范围

一、细长压杆的临界应力

将压杆的临界载荷 F_{cr} 除以横截面面积 A，便得到横截面上的应力，称为临界应力，用 σ_{cr} 表示

$$\sigma_{cr} = \frac{F_{cr}}{A} = \frac{\pi^2 EI}{(\mu l)^2 A} \tag{a}$$

令上式中的 $I/A = i^2$，i 称为压杆截面的惯性半径。这样式（a）就可以写成

$$\sigma_{cr} = \frac{\pi^2 E}{\left(\dfrac{\mu l}{i}\right)^2} \tag{b}$$

令 $\lambda = \dfrac{\mu l}{i}$，代入上式得

$$\sigma_{cr} = \frac{\pi^2 E}{\lambda^2} \tag{9-2}$$

λ 是一个无量纲的量，称为压杆的柔度或长细比。它集中地反映了压杆的长度、约束条件、截面尺寸和形状等因素对临界应力 σ_{cr} 的影响。

式（9-2）是欧拉公式（9-1）的另一种表达形式，两者并无实质性差别，只是表示方式不同，而

$$F_{cr} = A\sigma_{cr}$$

二、欧拉公式的适用范围

由于欧拉公式是在材料服从胡克定律的条件下推导出来的，所以，只有临界应力小于比例极限 σ_p 时，式（9-1）或式（9-2）才是能应用。即

$$\frac{\pi^2 E}{\lambda^2} \leqslant \sigma_p \text{ 或写成 } \lambda \geqslant \sqrt{\frac{\pi^2 E}{\sigma_p}}$$

令 $\lambda_p = \sqrt{\dfrac{\pi^2 E}{\sigma_p}}$，则欧拉公式的应用范围为

$$\lambda \geqslant \lambda_p$$

λ_p 只与材料的性质有关，材料不同，λ_p 的数值也不同，以 Q235 钢为例，$E = 206\text{GPa}$，$\sigma_p = 200\text{MPa}$，则

$$\lambda_p = \sqrt{\frac{\pi^2 \times 206 \times 10^9}{200 \times 10^6}} \approx 100$$

所以，用 Q235 钢制成的压杆，只有当 $\lambda \geqslant 100$ 时，才可以使用欧拉公式。又如 $E = 70\text{GPa}$，$\sigma_p = 175\text{MPa}$ 的铝合金材料，$\lambda_p = 62.8$，表示由这类铝合金材料制成的压杆，只有当 $\lambda \geqslant 62.8$ 时，才能使用欧拉公式。$\lambda \geqslant \lambda_p$ 的压杆，一般称为大柔度压杆或细长杆。

三、经验公式

若压杆的柔度 λ 的值小于 λ_p,则临界应力 σ_{cr} 就必然大于材料的比例极限 σ_p,这时如果还是用欧拉公式 (9-1) 计算临界载荷或用式 (9-2) 计算压杆的临界应力就是错误的。当 λ 小于 λ_p 时,压杆属于超过比例极限的稳定性问题。在实际工程中,有很多压杆都是超过比例极限后的压杆失稳问题。对这类压杆的失稳问题也有理论分析的结果,但工程中对这类压杆的计算,一般使用以试验结果为依据的经验公式。这里仅介绍经常使用直线公式,即

$$\sigma_{cr} = a - b\lambda \tag{9-3}$$

式中 a 和 b 为与材料性质有关的常数,单位与应力单位相同。在表 9-2 中列出了一些常用工程材料的 a 和 b 的数值。此时临界载荷为

$$F_{cr} = A\sigma_{cr} = A(a - b\lambda)$$

表 9-2 常用工程材料的 a 和 b 数值

材料(σ_s, σ_b 的单位为 MPa)	a/MPa	b/MPa
Q235 钢($\sigma_s = 235, \sigma_b \geqslant 372$)	304	1.12
优质碳素钢($\sigma_s = 306, \sigma_b \geqslant 417$)	461	2.568
硅钢($\sigma_s = 353, \sigma_b = 510$)	578	3.744
铬钼钢	9807	5.296
铸铁	332.2	1.454
强铝	373	2.15
木材	28.7	0.19

式 (9-3) 也有其适用范围,即临界应力不应超过材料的压缩极限应力。这是由于当临界应力达到压缩极限应力时,压杆已因强度不足而失效。对于由塑性材料制成的压杆,其临界应力不允许超过材料的屈服点 σ_s,即

$$\sigma_{cr} = a - b\lambda \leqslant \sigma_s$$

或

$$\lambda \geqslant \frac{a - \sigma_s}{b}$$

令

$$\lambda_s = \frac{a - \sigma_s}{b} \tag{9-4}$$

则

$$\lambda \geqslant \lambda_s$$

式中 λ_s 表示当临界应力等于材料的屈服点 σ_s 时压杆的柔度值。和 λ_p 一样,它也是一个与材料性质有关的常数。因此直线公式的适用范围为

$$\lambda_s < \lambda < \lambda_p$$

一般把满足上式柔度条件的压杆称为中柔度杆或中长杆。柔度小于 λ_s 的压杆称为小柔度杆或短粗杆。

小柔度杆的失效是因压缩强度不足造成的,如果将这类压杆也作为稳定问题的形式处理,则对于塑性材料制成的压杆,其临界应力 $\sigma_{cr} = \sigma_s$。

综上所述,压杆按柔度可分为三类,图 9-4 为临界应力 σ_{cr} 随压杆柔度 λ 的变化情况,称为临界应力总图。对 $\lambda \leqslant \lambda_s$ 的小柔度杆,应按强度问题计算,在图 9-4 中表示为水平线。对 $\lambda \geqslant \lambda_p$ 的大柔度杆,用欧拉公式 (9-2) 计算临界应力,在图 9-4 中表示为曲线。柔度介于 λ_s 和 λ_p 之间的压杆 ($\lambda_s < \lambda < \lambda_p$) 即中柔度杆,用经验公式 (9-3) 计算临界应力,在图 9-4 中表示为斜直线。

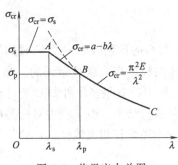

图9-4 临界应力总图

【例9-3】 三根圆形截面压杆，材料相同，皆由Q235钢制成，材料的$E=200\text{GPa}$，$\sigma_p=200\text{MPa}$，$\sigma_s=240\text{MPa}$，$a=304\text{MPa}$，$b=1.12\text{MPa}$。三根压杆的两端均为铰支，直径均为$d=160\text{mm}$。第一根压杆长为$l_1=5\text{m}$，第二根压杆长为$l_2=2.5\text{m}$，第三根压杆长为$l_3=1.25\text{m}$。试求各杆的临界载荷。

解 （1）因为三根压杆的材料相同，杆的直径相同，约束条件也相同，所以三根杆相同的参数为

$$\lambda_p=\sqrt{\frac{\pi^2 E}{\sigma_p}}=\sqrt{\frac{\pi^2\times 200\times 10^3}{200}}=99.34$$

$$\lambda_s=\frac{a-\sigma_s}{b}=\frac{304-240}{1.12}=57.14$$

$$A=\frac{\pi d^2}{4}=\frac{\pi\times 160^2}{4}=20106\text{mm}^2$$

$$i=\sqrt{\frac{I}{A}}=\frac{d}{4}=\frac{160}{4}=40\text{mm}$$

$$\mu=1$$

（2）求第一根压杆的临界载荷

$$\lambda=\frac{\mu l_1}{i}=\frac{1\times 5000}{40}=125>\lambda_1=99.34$$

所以

$$\sigma_{cr}=\frac{\pi^2 E}{\lambda^2}=\frac{\pi^2\times 200\times 10^3}{125^2}=126.3\text{MPa}$$

$$F_{cr}=\sigma_{cr}A=126.3\times 20106=2540\times 10^3\text{N}=2540\text{kN}$$

（3）求第二根压杆的临界载荷

$$\lambda=\frac{\mu l_2}{i}=\frac{1\times 2500}{40}=62.5$$

因为柔度λ介于λ_p与λ_s之间，所以应使用直线公式求临界应力

$$\sigma_{cr}=a-b\lambda=304-1.12\times 62.5=234\text{MPa}$$

$$F_{cr}=\sigma_{cr}A=234\times 20106=4705\times 10^3\text{N}=4705\text{kN}$$

（4）求第三根压杆的临界载荷

$$\lambda=\frac{\mu l_3}{i}=\frac{1\times 1250}{40}=31.25<\lambda_s=57.14$$

该杆为小柔度杆，临界应力应取材料的屈服极限

$$\sigma_{cr}=\sigma_s=240\text{MPa}$$

$$F_{cr}=\sigma_{cr}A=240\times 20106=4825\times 10^3\text{N}=4825\text{kN}$$

课题四 压杆的稳定性计算

根据前面所述，要使压杆不发生失稳现象，必须使其轴向压力F小于临界力F_{cr}。在工程实际中，为安全起见，还需考虑压杆应有必要的稳定性储备，使压杆具有足够的稳定性，因此，压杆的稳定性条件为

$$F \leqslant \frac{F_{cr}}{n_{st}}$$

式中，F 为实际工作压力，n_{st} 为规定的稳定安全系数。若把临界载荷 F_{cr} 与工作压力 F 的比值 n 称为压杆的工作安全系数，可以得到用安全系数表示的压杆稳定性条件

$$n = \frac{F_{cr}}{F} \geqslant n_{st} \tag{9-5}$$

或

$$n = \frac{\sigma_{cr}}{\sigma} \geqslant n_{st} \tag{9-6}$$

式中，σ 为压杆横截面上的工作应力。

用式（9-5）或式（9-6）计算压杆稳定性的方法，称为安全系数法。

稳定安全系数 n_{st} 一般规定得要比强度安全系数高。这是因为压杆失稳大都具有突发性，很多因素是难以避免的，且危害性比较大；杆件可能存在初始挠度，载荷也会存在偏心，材料也不是十分均匀，对压杆起约束作用的支座也会存在缺陷等。这些都严重影响压杆的稳定性，使压杆的实际临界载荷降低。在静载荷作用下，一般规定钢类压杆，$n_{st}=1.8\sim3.0$；铸铁压杆，$n_{st}=5.0\sim5.5$；木材压杆，$n_{st}=2.8\sim3.2$。在具体计算压杆的稳定性问题时，一般可以从手册或规范中查到相关的稳定安全系数 n_{st} 的值。

还需指出，压杆的临界载荷是以整个杆件的弯曲变形来决定的，局部的削弱在稳定计算中不必考虑。如杆上开有小孔或沟槽等对临界载荷的影响很小，但对于这类压杆还应对削弱部分的横截面进行强度校核。

【例 9-4】 图 9-5（a）所示托架中的 AB 杆，外径 $D=50\text{mm}$，内径 $d=40\text{mm}$，两端为铰链，材料为 Q235 钢，弹性模量 $E=200\text{GPa}$，$\sigma_p=200\text{MPa}$，托架承受载荷 $q=6.5\text{kN/m}$。若规定的稳定安全系数 $n_{st}=2.3$，试校核 AB 杆的稳定性。

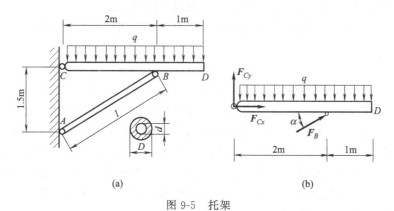

图 9-5 托架

解 （1）计算 AB 杆所受的力

取 CD 杆为研究对象，受力如图 9-5（b）所示，列平衡方程

$$\sum M_C = 0 \qquad F_B \sin\alpha \times 2 - \frac{1}{2}q \times 3^2 = 0$$

解得

$$F_B = \frac{q \times 9}{2 \times 2\sin\alpha} = \frac{6500 \times 9}{4 \times 1.5/\sqrt{2^2+1.5^2}} = 24.38\text{kN}$$

（2）计算柔度

$$\lambda_p = \sqrt{\frac{\pi^2 E}{\sigma_p}} = \sqrt{\frac{\pi^2 \times 200 \times 10^9}{200 \times 10^6}} = 99.3$$

AB 杆长 $$l = \sqrt{2^2 + 1.5^2} = 2.5 \text{m}$$

惯性半径 $$i = \sqrt{\frac{I}{A}} = \sqrt{\frac{\frac{\pi}{64}(D^4 - d^4)}{\frac{\pi}{4}(D^2 - d^2)}} = \frac{\sqrt{D^2 + d^2}}{4} = \frac{1}{4}\sqrt{50^2 + 40^2} = 16 \text{mm}$$

柔度 $$\lambda = \frac{\mu l}{i} = \frac{1 \times 2.5 \times 10^3}{16} = 156.25 > \lambda_p$$

所以 AB 属于细长杆。

（3）求临界载荷

$$F_{cr} = \frac{\pi^2 E}{\lambda^2} A = \frac{\pi^2 \times 200 \times 10^3}{156.25^2} \times \frac{\pi(50^2 - 40^2)}{4} = 57 \times 10^3 \text{N} = 57 \text{kN}$$

（4）校核稳定性

$$n = \frac{F_{cr}}{F_B} = \frac{57}{24.38} = 2.34 > n_{st}$$

所以杆 AB 具有足够的稳定性。

课题五　提高压杆承载能力的措施

提高压杆的承载能力，关键在于提高压杆的临界载荷或临界应力。不同材料的力学性质也不相同，也会影响压杆的临界应力；对于同一种材料，由临界应力总图可知，临界应力随着压杆柔度的增加而减小，故减小压杆的柔度可以提高其临界应力。

因此，提高压杆的承载能力应从合理选择材料和减小压杆柔度这两方面考虑。

一、合理选择材料

由欧拉公式可知，对于细长压杆，其临界载荷的大小与材料的弹性模量 E 成正比，因而选择弹性模量较高的材料，可以提高大柔度杆的稳定性。然而，就钢材而言，由于各种钢材的 E 值大致相等，所以选用优质钢材或低碳钢并无很大的区别。也就是说，对于细长压杆，选用优质钢材对提高压杆的稳定性并不起多大的作用。但对于中等柔度的压杆来说，无论是根据经验公式或理论分析，都说明临界应力与材料的强度有关，所以优质钢材在一定程度上可以提高临界应力的数值。对于柔度很小的短粗压杆，本来就是强度问题，优质钢材的强度高，其优越性自然是明显的。

二、减小压杆柔度

从柔度计算公式 $\lambda = \frac{\mu l}{i}$ 可知，柔度与惯性半径（截面形状与大小）、压杆长度及杆端约束有关，故可从这三方面考虑减小压杆的柔度。

1. 选择合理的截面形状

增大惯性半径可降低压杆的柔度。由 $i = \sqrt{\frac{I}{A}}$ 可知，在横截面面积不变的情况下，增大

惯性矩 I 就可增大惯性半径 i，使压杆的临界应力增大，提高压杆的稳定性。这表明应尽可能地把材料远离形心，以取得较大的惯性矩，因此空心截面要比实心截面合理，如图 9-6 所示。

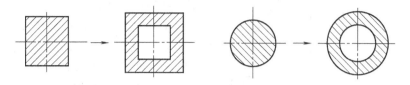

图 9-6　实心截面与空心截面

有些压杆则采用型钢组合截面，在考虑组合方案时，也应注意增大惯性矩的原则。如用四根等边角钢组合一个压杆时，可以有两种组合方案，如图 9-7 所示。显然，方案（b）比方案（a）合理。

所谓合理截面还有一层意思，就是如果在两个互相垂直的平面内，约束条件相同，则要求在这两个方向的惯性矩相等（$I_z = I_y$）。这是因为压杆首先在惯性矩小的平面内失稳，而当 $I_z = I_y$ 时，压杆就在这两个方向具有相同的稳定性。

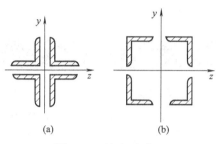

图 9-7　型钢组合截面

基于这种考虑，工程中的压杆多采用圆截面或正方形截面。在组合截面中，如用两根槽钢组成一根柱时，可不采用图 9-8（a）所示的组合方案，而采用图（b）或图（c）的组合方案。

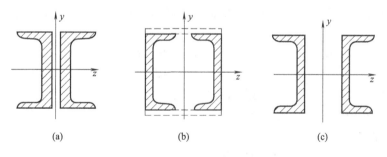

图 9-8　槽钢组合截面

2. 改善约束条件

约束条件对压杆的临界载荷的影响较大，在其他条件不变的情况下，支座对压杆的约束刚性越强，长度系数 μ 就越小，因而使压杆的柔度越小，临界载荷提高。其中，以固定端约束的刚性最好，铰支约束次之，自由端最差。因此，压杆与其他构件连接时，应尽可能制成刚性连接或采用较紧密的配合。

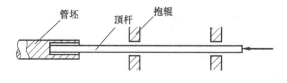

图 9-9　钢管穿孔机顶杆

3. 减小压杆的长度

因柔度与长度成正比，因此在条件许可的情况下，应尽可能减小压杆的长度或在压杆之间增设支座，都可以降低

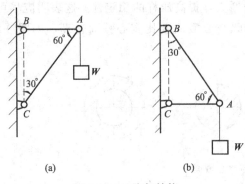

图 9-10　三脚架结构

柔度，提高压杆的稳定性。例如，钢铁厂无缝钢管车间的穿孔机的顶杆（图 9-9），为了提高其稳定性，在顶杆中段增加一个抱辊装置，提高了顶杆的稳定性。

对于某些结构，在可能条件下，将压杆转换成拉杆，从根本上消除稳定性问题。如图 9-10 所示，将图 9-10（a）中的 AC 压杆变成图 9-10（b）中的 AB 拉杆，从而提高了结构的稳定性。

习题

一、判断题

1. 压杆从稳定平衡状态过渡到不稳定平衡状态，载荷的临界值称为临界载荷。（　　）
2. 临界载荷只与压杆的长度及两端的支承有关。（　　）
3. 对于细长压杆，临界应力的值不应大于比例极限。（　　）
4. 压杆的临界载荷与作用于压杆的载荷大小有关。（　　）
5. 压杆的长度系数 μ 代表支承方式对临界力的影响，压杆的杆端约束越强，其值越小，临界压力越大。（　　）
6. 欧拉公式只适用于大柔度杆。（　　）
7. 压杆的柔度 λ 与压杆的长度、横截面的形状和尺寸以及两端的支承情况有关。（　　）
8. 稳定安全系数 n_{st} 一般都大于强度计算时的安全系数。（　　）
9. 压杆的柔度 λ 综合反映了影响临界力的各种因素，λ 值越大，临界力越小。（　　）
10. 在压杆稳定性计算中，经判断应按中长杆的经验公式计算临界力时，若使用时错误地应用了细长杆的欧拉公式，则后果偏于危险。（　　）

二、选择题

1. 细长压杆，若其长度系数增加一倍，则_____。
   A. F_{cr} 增加一倍　　B. F_{cr} 为原来的二分之一　　C. F_{cr} 为原来的四分之一

2. 两根细长杆，直径、约束均相同，但材料不同，且 $E_1 = 2E_2$，则两杆临界应力的关系是_____。
   A. $(\sigma_{cr})_1 = (\sigma_{cr})_2$　　B. $(\sigma_{cr})_1 = 2(\sigma_{cr})_2$　　C. $(\sigma_{cr})_1 = \frac{1}{2}(\sigma_{cr})_2$

3. 下列结论中_____是正确。
   (1) 若压杆中的实际应力不大于该压杆的临界应力，则杆件不会失稳；
   (2) 受压杆件的破坏均由失稳引起；
   (3) 压杆临界应力的大小可以反映压杆稳定性的好坏；
   (4) 若压杆中的实际应力大于 $\sigma_{cr} = \dfrac{\pi^2 E}{\lambda^2}$，则压杆必定破坏。

A.（1），（2）   B.（2），（4）   C.（1），（3）

4. 两端固定的细长压杆，设抗弯刚度为 EI，长为 l，则其临界力是_____。

A. $F_{cr}=\dfrac{\pi^2 EI}{4l^2}$ B. $F_{cr}=\dfrac{\pi^2 EI}{0.25l^2}$ C. $F_{cr}=\dfrac{\pi^2 EI}{l^2}$

5. 下列关于压杆临界应力与柔度的叙述中，_____是正确的。

A. σ_{cr} 值必随 λ 值增大而增大

B. σ_{cr} 值一般随 λ 值增大而减小

C. 对于中长杆，σ_{cr} 与 λ 无关

三、综合题

1. 三根细长压杆如图 9-11 所示，材料均为 Q235 钢，横截面均为圆形，且面积相同。试问哪一根杆能承受的压力最大？哪一根最小？

2. 图 9-12 所示蒸汽机的活塞杆 AB，所受的力 $F=120\text{kN}$，$l=1800\text{mm}$，横截面为圆形，直径 $d=75\text{mm}$。材料为 Q275（原 A5 钢），其弹性模量 $E=210\text{GPa}$，比例极限 $\sigma_p=240\text{MPa}$。规定的稳定安全系数为 $n_{st}=8$，试校核活塞杆的稳定性。

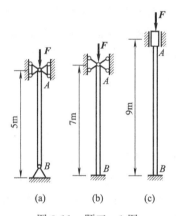

图 9-11 题三、1 图

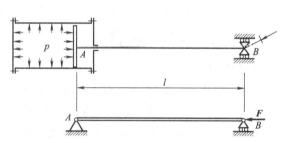

图 9-12 题三、2 图

单元十 课程实验

课题一 设备简介

测定材料力学性能的主要设备是材料试验机。常用的材料试验机有拉力试验机、压力试验机、扭转试验机、冲击试验机、疲劳试验机等。能兼作拉伸、压缩、弯曲等多种实验的试验机称为万能材料试验机。供静力实验用的万能材料试验机有液压式、机械式、电子机械式等类型。下面将介绍完成基本实验常用的液压式、电子式万能材料试验机和扭转试验机。

一、液压式万能材料试验机

1. 加载机构

加载机构的作用是利用动力和传动装置强迫试样发生变形。由图10-1可见，液压式试验机的加载是依靠工作液压缸来完成的。工作液压缸装在固定横头上，由连接于底座的固定立柱所支承。工作时，开动液压泵，打开进油阀，油液经送油管进入工作液压缸，推动活塞，使上横头和活动台上升，安装在上、下夹头中的试样就受到拉伸的作用。若试样安放在下垫板上，则当试样随活动台上升到与上垫板接触时，就受到压缩的作用。工作液压缸活塞上升的速度反映了试样变形的速度，即加载的速度，它可通过调节进油阀改变油量的大小来控制，所以在施加静载荷时，进油阀应缓慢地打开。试样卸载时，只要打开回油阀，油液就从工作液压缸经回油管流回油箱，活动台在自重作用下降回原位。为了便于试样装夹，下夹头的高低位置可通过开动下夹头电动机，驱动螺杆来调节，但要注意的是，下夹头电动机不是作为加载设备而设计的，因此一旦试样夹紧后，就不能再行启动，以免造成电动机过载而损坏。

2. 测力机构

测力机构是传递和指示试样所受载荷大小的装置。万能试验机的测力机构包括测力液压缸、杠杆摆锤机构、测力度盘、指针和自动绘图器等部分。其中测力液压缸和工作液压缸是相通的，当试样受载时，工作液压缸的压力传到测力液压缸，使测力液压缸活塞下降，通过杠杆机构，带动摆锤绕支点转动，其偏转的角度与测力液压缸活塞所受油压成一定比例，故试样所受载荷的大小和摆杆偏转角度亦成一定比例关系。摆杆偏转时，固连其上的推杆推动齿杆做水平滑移，滑移量由啮合齿轮转换成指针的转动角度，从而在测力度盘上显示出试样承受的载荷。根据杠杆平衡原理可知，摆锤重量改变时，摆杆偏转相同的角度，测力液压缸

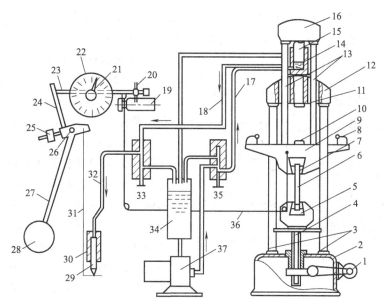

图 10-1 油压摆式万能材料试验机原理

1—下夹头电动机；2—底座；3—固定立柱；4—螺柱；5—下夹头；6—拉伸试样；7—上夹头；8—弯曲支座；9—活动台；10—下垫板；11—上垫板；12—固定横头；13—活动立柱；14—工作液压缸；15—工作活塞；16—上横头；17—送油管；18—回油管；19—滚筒；20—绘图笔；21—指针；22—测力度盘；23—齿杆；24—推杆；25—平衡砣；26—支点；27—摆杆；28—摆锤；29—测力活塞；30—测力液压缸；31—拉杆；32—测力油管；33—回油阀；34—油箱；35—送油阀；36—拉绳；37—液压泵

的压力是不同的，因此测力度盘上的载荷示值与摆锤的重量有关。液压式万能材料试验机配有 A、B、C 三个不同重量的摆锤，根据不同的配置方式，测力度盘上有三种测力范围。

自动绘图器是一个可旋转的圆筒，在其一端的滑轮上绕有和活动台连接的细绳，当活动台升降时，带动细绳使圆筒转动，所以圆筒表面转过的圆周长度与试样的伸长 ΔL 有一定的比例关系。又因为绘图笔是安装在齿杆上的，因此它随齿杆一起移动的距离反映了载荷的大小，于是两方面运动的合成，使绘图笔在圆筒表面的绘图纸上画出试样的 $F\text{-}\Delta L$ 曲线。

3. 操作规程和注意事项

根据万能试验机的构造原理，在操作时应按下列规程进行。

① 估计试验所需要的最大载荷，选择合适的测力范围，配置相应的摆锤。

② 关闭所有液压阀，接上电源，启动液压泵，检查运转是否正常，开关是否失灵。然后缓慢打开进油阀，使活动台上升 10mm 左右后关闭，调整平衡砣，使摆杆处于铅垂位置，再调整测力度盘指针到零点，以此消除上横头、活动立柱和活动台等部件的重量对载荷数值的影响。

③ 安装试样，视试样长短调整下夹头位置以便安装。

④ 调整自动绘图器，安放绘图纸和笔。

⑤ 做好记录数据准备后，缓慢打开进油阀，按试验要求进行加载，观察现象，记录数据。

⑥ 试验结束后，关闭液压泵，打开回油阀，切断电源，卸下摆锤，试验机全部复位。

二、电子万能材料试验机

电子万能材料试验机是电子技术与机械传动相结合的新型试验机。它对载荷、变形、位移的测量和控制有较高的精度和灵敏度。采用微机控制试验全过程,实时动态显示载荷值、位移值、变形值、试验速度和试验曲线;试验结果可自动保存,并对曲线进行分析等功能。

1. 加载控制系统

图 10-2 所示为电子万能材料试验机的工作原理(传动系统因机型不同而异)。在加载控制系统中,由上横梁、立柱和工作平台组成门式框架。活动横梁由滚珠丝杠驱动。试样安装于活动横梁与工作平台之间。操纵速度控制单元使其发出指令,伺服电机便驱动齿轮箱带动滚珠丝杠转动;丝杠推动活动横梁向上或向下位移,从而实现对试样的加载。通过测速电机的测速反馈和旋转变压器的相位反馈形成闭环控制,以保证加载速度的稳定。

2. 测量系统

测量系统包括载荷测量、试样变形测量和活动横梁的位移测量三部分。其中,载荷测量是由应变式拉压力传感器、变形测量则是由应变式引伸计、活动横梁的位移是由装在滚珠丝杠上的光栅编码器,分别将微弱的电信号通过控制单元输入计算机,显示测量的数据,并由计算机算出所需要的结果。

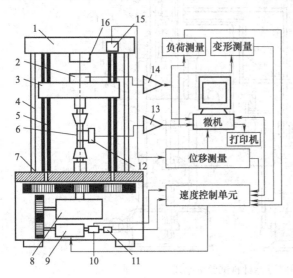

图 10-2　电子万能材料试验机的工作原理
1—上横梁;2—下垫板(传感器);3—活动横梁;4—立柱;
5—滚珠丝杠;6—拉伸试样;7—工作平台;8—齿轮箱;
9—电机;10—测速电机;11—变压器;12—引伸计;
13,14—放大器;15—光栅编码器;16—上垫板

3. 注意事项

① 计算机开机和关机要严格按照步骤,否则会损坏部分程序。
② 不能带电插拔电源线,否则会损坏电气控制部分。
③ 试验开始前,一定要调整好限位挡圈。
④ 试验过程中,不能远离试验机。
⑤ 试验结束后,关闭所有电源。

三、电子扭转试验机

电子扭转试验机(图 10-3)结构简单,操作方便,扭矩、扭角测量准确。具有自动校正、试样夹持预负荷自动消除、过载保护等功能,试验设定和试验过程自动跟踪,使操作更加简单方便。

1. 机械结构原理

整机由主机、主动夹头、从动夹头、扭转角测量装置以及电控测量系统组成。主机由底座、机箱、传动系统和移动支座组成;主动夹头安装在减速器的出轴端,从动夹头

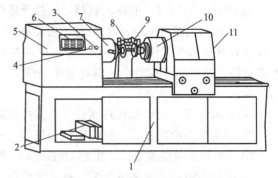

图 10-3　CTT 电子扭转试验机
1—机座;2—电控系统;3—急停开关;4—电源开关;
5—机箱;6—操作按键板;7—主动夹头;8—试样;
9—扭角测量装置;10—从动夹头;11—移动座

安装在移动支座上的扭矩传感器上,试样夹持在两个夹头之间,旋动夹头上的顶杆,使夹头的钳口张开或合拢,将试样夹紧或松开;传动系统由交流伺服电机、同步齿型带和带轮、减速器、同步带张紧装置等组成;移动支座由支座和扭矩传感器组成,支座用轴承支承在底座上,与导轨的间隙由内六角螺钉调整,扭转传感器固定在支座上。

2. 测量系统

(1) 扭转角测量装置　由卡盘、定位环、支座、转动臂、测力辊、光电编码器组成。

卡盘固定在试样的标距位置上,试样在加载负荷的作用下产生形变,从而带动卡盘转动,同时通过测量辊带动光电编码器转动。由光电编码器输出角脉冲信号,发送给电控测量系统处理,然后通过计算机将扭角显示在屏幕上。

(2) 扭矩的测量机构　扭矩传感器固定在支座上,可沿导轨直线移动。通过试样传递过来的扭矩使传感器产生相应的变形,发出电信号,通过电缆将该信号传入电控部分。由计算机进行数据采集和处理,并将结果显示在屏幕上。

3. 注意事项

① 每次开机中间必须至少保证 1min 的间隔时间。
② 推动移动支座时,切忌用力过大,以免损坏试样或传感器。
③ 禁止带电插拔电源线,否则很容易损坏电气控制部分。
④ 计算机开机关机要严格按照步骤,否则会损坏部分程序。

课题二　基本实验

一、低碳钢、铸铁的拉伸和压缩试验

1. 试验目的

常温,静载荷下的拉伸和压缩试验,是工程上广泛采用的测定材料拉伸和压缩力学性能的试验,而低碳钢、铸铁的拉伸和压缩试验又是工程力学实验的基本内容,通过这个试验要求达到以下目的。

① 了解万能试验机的构造原理及操作规程。
② 掌握拉伸、压缩试验的方法。
③ 观察低碳钢、铸铁在拉伸和压缩时的变形及破坏现象。
④ 测定低碳钢的强度指标（σ_s、σ_b）和塑性指标（δ、ψ）。
⑤ 测定铸铁在拉伸和压缩时的强度指标 σ_b 。
⑥ 比较低碳钢和铸铁材料的力学性能特点。

2. 试验设备

电子万能材料试验机（或液压式万能材料试验机）,游标卡尺。

3. 试验步骤

(1) 拉伸试验（试样和试验原理请参看单元六）　不同的试验方法与技术要求会影响试验结果,本试验按照国家标准 GB/T 228.1—2010《金属拉伸试验方法》中的步骤进行。

① 试样准备。为了便于观察试样,标距范围内沿轴向伸长的分布情况和测量拉断后的标距 l_1,在试样平行长度内涂上快干着色涂料,然后用试样画线机在标距 l_0 范围内每隔 10mm（10 倍试样）刻划一圆周线用冲点机冲点标记,将标距 l_0 分成 10 格（上述过程只对

低碳钢拉伸试样）。用游标卡尺在试样等直段取三个有代表性的截面，沿互相垂直的两个方向各测一次直径，算出各截面的平均直径，取其中最小的一个作为原始直径 d_0，计算试样的最小原始横截面面积，取三位有效数字。

② 开机。试验机→计算机→打印机，每次开机后要预热 10min。

③ 安装夹具。根据试样情况选择好夹具，若夹具已安装到试验机上，则对夹具进行检查，并根据试样的长度及夹具的间距设置好限位装置。

④ 试验。点击试验部分里的新试验，选择相应的试验方案，输入试样的原始用户尺寸。

⑤ 安装试样。先将试样夹在接近力传感器一端的夹头上，力清零消除试样自重后再夹持试样的另一端。夹好后按"试样保护"键消除夹持力。

⑥ 进行试验。按运行命令按钮，设备将按照软件设定的试验方案进行试验。试验结束后取下试样，吻合断口，测量并记录断后标距长度 l_1 和断口最小直径 d_1，d_1 为缩颈最小处两个互相垂直方向的平均直径。将量好的尺寸输入到结果参数中，按"生成报告"按钮将生成试验报告。

⑦ 试验结束关机：试验机→打印机→计算机。关闭所有电源。

对于液压式万能材料试验机，安装好试样后，按下自动绘图笔，平稳，缓慢地施加载荷，测力指针会指出载荷的变化，当测力指针停止转动或回转时，表明材料开始屈服，指针波动时达到的最小载荷即为屈服点载荷 F_s，当载荷再次稳定上升时，表明材料已进入强化，可用较快的速度加载，当测力指针再度下降则标志着缩颈现象的开始，从动指针所指示的最大载荷即为断裂极限载荷 F_b。当试样断裂后，关闭液压泵电源，取下试样，吻合断口，测量并记录断后标距长度 l_1 和断口最小直径 d_1，d_1 为缩颈最小处两个互相垂直方向的平均直径。

铸铁拉伸试验因变形小，强度低造成测量上的困难，液压式万能材料试验机控制加载速度比电子万能材料试验机复杂，关键是应保持载荷平稳、缓慢地上升至试样断裂，才能测到正确的 F_b 值。

（2）压缩试验

① 测量试样。用游标卡尺测量试样中部及两端面上互相垂直的两个方向的直径，取算术平均值的最小者作为原始直径 d_0，测量试样高度 h。

② 安装试样。将试样放在试验机下垫板的中心处。

③ 进行试验。当试样上表面接近试验机上垫板时，应减慢活动台上升的速度，否则会因载荷上升过快而无法观察屈服点，对于铸铁试样，缓慢加载直至破裂为止，停机后由从动指针读出最大载荷 F_b，卸力后取下试样，观察变形及破坏形式。

4. 数据处理

参照单元六计算低碳钢拉伸时的强度指标（σ_s、σ_b）和塑性指标（δ、ψ）；铸铁在拉伸和压缩时的强度指标 σ_b。

二、扭转试验

1. 试验目的

① 测定低碳钢的扭转屈服点 τ_s 抗扭强度 τ_b 及铸铁的抗扭强度 τ_b。

② 观察比较低碳钢和铸铁在受扭过程中的变形和破坏现象。

2. 试验设备
扭转试验机,游标卡尺。

3. 试样
与拉伸试验一样,铸铁和低碳钢试样各一根。

4. 试验步骤
① 测量试样直径:扭转试样直径的测量方法与拉伸试样直径的测量方法相同。
② 开主机电源,启动计算机,使机器预热时间不小于 10min。
③ 根据计算机的提示,设定试验方案,试验参数。
④ 装夹试样:先按"对正"按钮,使两夹头对正,将已装卡盘的试样的一端放入从动夹头的钳口间,扳动夹头的手柄将试样夹紧;按"扭矩清零"按键或试验操作界面上的扭矩"清零"按钮;缓慢推动移动支座移动,使试样的头部进入主动夹头的钳口间,慢速扳动夹头的手柄将试样夹紧。按"扭转角清零"按键,使操作界面上的扭转角显示值为零。
⑤ 按"运行"键开始试验。
⑥ 试验结束后,松开夹头,取下试样。根据试验的要求,输出打印试验报告。清理好机器以及夹头中的铁屑,关断试验机电源。

5. 数据处理
低碳钢试样测读 T_s 及 T_b,铸铁试样测读 T_b。T_s 为试样屈服时的扭矩,T_b 为试样断裂时的扭矩。

(1) 计算低碳钢扭转屈服点 τ_s

$$\tau_s = \frac{3}{4}\frac{T_s}{W_T}$$

(2) 计算低碳钢的抗扭强度 τ_b

$$\tau_b = \frac{3}{4}\frac{T_b}{W_T}$$

(3) 计算铸铁抗扭强度 τ_b

$$\tau_b = \frac{T_b}{W_T}$$

(4) 说明低碳钢扭转屈服点 τ_s,抗扭强度 τ_b 对于低碳钢等高塑性材料,其受扭时横截面上切应力分布规律如图 10-4 所示。图 10-4(a)所示为试样受扭时其外表面最大应力达到屈服点 τ_s 时横截面上切应力的分布图,此时扭矩以 T_p 表示,进一步增大扭矩 T,则横截面上的屈服区域自外向内扩展,如图 10-4(b)所示,随着 T 的增大,最终可使全截面进入屈服,如图 10-4(c)所示。此时扭矩为 T_s,由静力学关系:

$$T_s = \int_A \rho \tau_s dA = \tau_s \int_A \rho dA = \tau_s \int_0^{\frac{d}{2}} \rho \times 2\pi\rho d\rho = \tau_s \times \frac{2}{3}\pi\rho^3 \bigg|_0^{\frac{d}{2}} = \frac{\pi d^3}{12}\tau_s = \frac{4}{3}W_T\tau_s$$

所以

$$\tau_s = \frac{3}{4}\frac{T_s}{W_T}$$

同理

$$\tau_b = \frac{3}{4}\frac{T_s}{W_T}$$

式中,W_T 为抗扭截面系数。

对于铸铁等脆性材料,因无明显的塑性变形,不需进行上述计算。

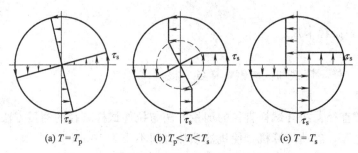

图 10-4 低碳钢在不同扭矩下切应力分布规律

低碳钢、铸铁试样受扭时，其 T-φ 曲线如图 10-5 所示。

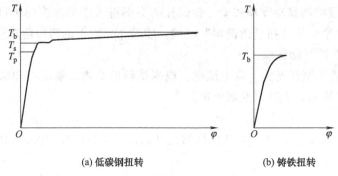

图 10-5 低碳钢、铸铁试样受扭的 T-φ 曲线

三、弯曲正应力的测定

1. 实验目的

① 测定梁的弯曲正应力在横截面上的分布规律，并与理论值比较，以验证弯曲正应力公式。

② 学习电阻应变测量法的基本原理和方法。

2. 设备与仪器

① 加载实验台。

② 数字式静态电阻应变仪，测力仪。

3. 试样

被测定的为矩形等截面直梁，由低碳钢制成，梁的尺寸为：$L=480$mm，$a=140$mm，$b=16$mm，$h=32$mm。材料的屈服点 $\sigma_s=235$MPa，弹性模量 $E=210$GPa。

图 10-6 为实验装置示意图，1～5 为测量电阻应变片（简称测量片），0 为温度补偿片，位于不受力的梁端，起温度补偿作用。

4. 实验步骤

(1) 观察梁　对照实物了解梁的支承及受力方式，了解载荷的施加方法。

(2) 加载方案　施力过程分 4 次加载，载荷分别为：500N，1000N，1500N，2000N。

(3) 接线　按半桥接线法将各测量点的测量片和补偿片分别接到应变仪上，测量片应接入电桥 A、B 节点，补偿片应接入 C、D 节点。接 A 的 5 条引线是分别引出的，而接 B 的 5 条引线是在试样上连通后，由公共线 B 引出，这是因为应变仪内部各点已连通，无须一一

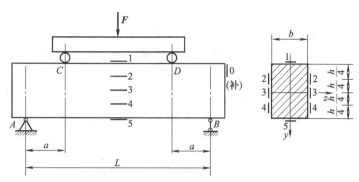

图 10-6　矩形截面梁弯曲正应力测定装置

对应。共用补偿片接 C，将传感器导线接测力仪。

（4）**调零**　接通测力仪、应变仪电源，将测力仪及应变仪各测点调零，应变仪各测点电桥调平衡后，再逐桥检查一遍。

（5）**加载测量**　逐级加载，每增加一级载荷，通过转动"测点选择"开关，一次读取各测点的应变值，加载至最终一级载荷时卸载至零。重复实验3次。

（6）**结束工作**　整理好实验记录，关闭实验电源，拆除连接导线。

5. 实验结果

（1）应力增量的实验值

由 $\sigma = E\varepsilon$ 得 $\Delta\sigma_{i实} = E\Delta\varepsilon_{i平均}$，$i = 1, 2, \cdots, 5$

$\Delta\varepsilon_{i平均}$ 为第 i 点应变增量的平均值（$\mu\varepsilon$）

（2）应力增量的理论值

由 $\sigma = \dfrac{M_y}{I_z}$ 得 $\Delta\sigma_{i理} = \dfrac{\Delta M \times y_i}{I_z}$，其中 $\Delta M = \dfrac{\Delta Fa}{2}$，$I_z = \dfrac{bh^3}{12}$

四、弯扭组合变形时主应力的测定

1. 实验目的

① 学习一般二向应力状态下一点主应力和主方向的测量方法。

② 了解应变花的用法。

2. 设备与仪器

① 加载实验台。

② 数字式静态电阻应变仪、测力仪。

3. 试样

安装在加载实验台上的试样为铝或铜实心圆轴。其受力简图及测点 A 的应变花方位如图 10-7 所示。直径 $d = 40mm$，扭转力臂 $a = 125mm$，轴长 $l = 270mm$。

弹性常数：$E = 110GPa$，$\nu = 0.35$（铜）；$E = 70GPa$，$\nu = 0.3$（铝）

4. 试验步骤

（1）**观察试样**　记录试样尺寸、参数、观察应变花及引线焊接方法。

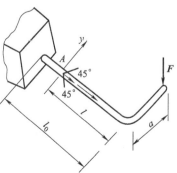

图 10-7　弯扭组合变形受力简图及测点 A 的应变花方位

（2）加载方案　按增量法分为4级逐级加载。

（3）接线、调零　1、2、3分别对应＋45°、0°、－45°，接在电阻应变仪的1、2、3引线上，4公共端，与B相接，5温度补偿，与C相接，所有测点均为半桥接法。（注：扭转只接1，4，5三个点）打开应变仪、测力仪电源后，调零。

（4）加载读数　逐级加载，记录三个方向的应变$\varepsilon_{0°}$、$\varepsilon_{45°}$、$\varepsilon_{-45°}$。重复试验3次。

（5）结束实验　整理好实验记录，关闭应变仪，测力仪的电源。

5. 数据处理

（1）计算实验值　由测得应变$\varepsilon_{0°}$、$\varepsilon_{45°}$、$\varepsilon_{-45°}$计算主应力σ_1和σ_3的大小和方向

$$\sigma_3^1 = \frac{E}{1-\nu^2}\left[\frac{1+\nu}{2}(\varepsilon_{45°}+\varepsilon_{-45°})\pm\frac{1-\nu}{\sqrt{2}}\sqrt{(\varepsilon_{-45°}-\varepsilon_{0°})^2+(\varepsilon_{45°}-\varepsilon_{0°})^2}\right]$$

$$\tan 2\alpha_0 = \frac{\varepsilon_{45°}-\varepsilon_{-45°}}{2\varepsilon_{0°}-\varepsilon_{-45°}-\varepsilon_{45°}}$$

（2）计算理论值　测点的应力状态如图10-8所示。

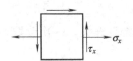

图10-8　测点应力状态

$$\sigma_x = \frac{32Fl}{\pi d^3},\ \tau_x = \frac{16Fa}{\pi d^3}$$

$$\sigma_3^1 = \frac{\sigma_x}{2} \pm \sqrt{\left(\frac{\sigma_x}{2}\right)^2 + \tau_x^2}$$

$$\tan 2\alpha_0 = -\frac{2\tau_x}{\sigma_x}$$

五、实验报告的书写

实验报告应包括下列内容。

① 实验名称，实验日期，实验者姓名及组员姓名。

② 实验目的、原理及实验装置。

③ 实验设备、仪器。

④ 实验数据：测量数据和记录数据最好制成表格，注明数据单位。

⑤ 计算：在计算中所用到的公式均须明确列出，并注明公式中各种符号所代表的意义。

⑥ 实验结果分析：除根据实验数据计算实验值外，还要计算理论值，将理论值与实验值对比，分析误差。最好用图线或图表表示。

附 录

附录 A 热轧型钢（摘自 GB/T 706—2008）

热轧等边角钢

b —— 边宽度
d —— 边厚度
r —— 内圆弧半径
r_1 —— 边端内圆弧半径，$r_1 = \frac{1}{3}d$
r 及 r_1 仅用于孔型设计非交货条件

I —— 惯性矩
W —— 截面系数
i —— 惯性半径
Z_0 —— 质心距离

附表 A-1

型号	截面尺寸/mm			截面面积/cm²	理论质量/(kg/m)	外表面积/(m²/m)	惯性矩/cm⁴				惯性半径/cm			截面模数/cm³			质心距离/cm
	b	d	r				I_x	I_{x1}	I_{x0}	I_{y0}	i_x	i_{x0}	i_{y0}	W_x	W_{x0}	W_{y0}	Z_0
2	20	3	3.5	1.132	0.889	0.078	0.40	0.81	0.63	0.17	0.59	0.75	0.39	0.29	0.45	0.20	0.60
		4		1.459	1.145	0.077	0.50	1.09	0.78	0.22	0.58	0.73	0.38	0.36	0.55	0.24	0.64
2.5	25	3		1.432	1.124	0.098	0.82	1.57	1.29	0.34	0.76	0.95	0.49	0.46	0.73	0.33	0.73
		4		1.859	1.459	0.097	1.03	2.11	1.62	0.43	0.74	0.93	0.48	0.59	0.92	0.40	0.76
3.0	30	3		1.749	1.373	0.117	1.46	2.71	2.31	0.61	0.91	1.15	0.59	0.68	1.09	0.51	0.85
		4		2.276	1.786	0.117	1.84	3.63	2.92	0.77	0.90	1.13	0.58	0.87	1.37	0.62	0.89
3.6	36	3	4.5	2.109	1.656	0.141	2.58	4.68	4.09	1.07	1.11	1.39	0.71	0.99	1.61	0.76	1.00
		4		2.756	2.163	0.141	3.29	6.25	5.22	1.37	1.09	1.38	0.70	1.28	2.05	0.93	1.04
		5		3.382	2.654	0.141	3.95	7.84	6.24	1.65	1.08	1.36	0.70	1.56	2.45	1.00	1.07
4	40	3		2.359	1.852	0.157	3.59	6.41	5.69	1.49	1.23	1.55	0.79	1.23	2.01	0.96	1.09
		4		3.086	2.422	0.157	4.60	8.56	7.29	1.91	1.22	1.54	0.79	1.60	2.58	1.19	1.13
		5		3.791	2.976	0.156	5.53	10.74	8.76	2.30	1.21	1.52	0.78	1.96	3.10	1.39	1.17
4.5	45	3	5	2.659	2.088	0.177	5.17	9.12	8.20	2.14	1.40	1.76	0.89	1.58	2.58	1.24	1.22
		4		3.486	2.736	0.177	6.65	12.18	10.56	2.75	1.38	1.74	0.89	2.05	3.32	1.54	1.26
		5		4.292	3.369	0.176	8.04	15.2	12.74	3.33	1.37	1.72	0.88	2.51	4.00	1.81	1.30
		6		5.076	3.985	0.176	9.33	18.36	14.76	3.89	1.36	1.70	0.8	2.95	4.64	2.06	1.33

续表

型号	截面尺寸/mm			截面面积/cm²	理论质量/(kg/m)	外表面积/(m²/m)	惯性矩/cm⁴				惯性半径/cm			截面模数/cm³			质心距离/cm
	b	d	r				I_x	I_{x1}	I_{x0}	I_{y0}	i_x	i_{x0}	i_{y0}	W_x	W_{x0}	W_{y0}	Z_0
5	50	3	5.5	2.971	2.332	0.197	7.18	12.5	11.37	2.98	1.55	1.96	1.00	1.96	3.22	1.57	1.34
		4		3.897	3.059	0.197	9.26	16.69	14.70	3.82	1.54	1.94	0.99	2.56	4.16	1.96	1.38
		5		4.803	3.770	0.196	11.21	20.90	17.79	4.64	1.53	1.92	0.98	3.13	5.03	2.31	1.42
		6		5.688	4.465	0.196	13.05	25.14	20.68	5.42	1.52	1.91	0.98	3.68	5.85	2.63	1.46
5.6	56	3	6	3.343	2.624	0.221	10.19	17.56	16.14	4.24	1.75	2.20	1.13	2.48	4.08	2.02	1.48
		4		4.390	3.446	0.220	13.18	23.43	20.92	5.46	1.73	2.18	1.11	3.24	5.28	2.52	1.53
		5		5.415	4.251	0.220	16.02	29.33	25.42	6.61	1.72	2.17	1.10	3.97	6.42	2.98	1.57
		6		6.420	5.040	0.220	18.69	35.26	29.66	7.73	1.71	2.15	1.10	4.68	7.49	3.40	1.61
		7		7.404	5.812	0.219	21.23	41.23	33.63	8.82	1.69	2.13	1.09	5.36	8.49	3.80	1.64
		8		8.367	6.568	0.219	23.63	47.24	37.37	9.89	1.68	2.11	1.09	6.03	9.44	4.16	1.68
6	60	5	6.5	5.829	4.576	0.236	19.89	36.05	31.57	8.21	1.85	2.33	1.19	4.59	7.44	3.48	1.67
		6		6.914	5.427	0.235	23.25	43.33	36.89	9.60	1.83	2.31	1.18	5.41	8.70	3.98	1.70
		7		7.977	6.262	0.235	26.44	50.65	41.92	10.96	1.82	2.29	1.17	6.21	9.88	4.45	1.74
		8		9.020	7.081	0.235	29.47	58.02	46.66	12.28	1.81	2.27	1.17	6.98	11.00	4.88	1.78
6.3	63	4	7	4.978	3.907	0.248	19.03	33.35	30.17	7.89	1.96	2.46	1.26	4.13	6.78	3.29	1.70
		5		6.143	4.822	0.248	23.17	41.73	36.77	9.57	1.94	2.45	1.25	5.08	8.25	3.90	1.74
		6		7.288	5.721	0.247	27.12	50.14	43.03	11.20	1.93	2.43	1.24	6.00	9.66	4.46	1.78
		7		8.412	6.603	0.247	30.87	58.60	48.96	12.79	1.92	2.41	1.23	6.88	10.99	4.98	1.82
		8		9.515	7.469	0.247	34.46	67.11	54.56	14.33	1.90	2.40	1.23	7.75	12.25	5.47	1.85
		10		11.657	9.151	0.246	41.09	84.31	64.85	17.33	1.88	2.36	1.22	9.39	14.56	6.36	1.93
7	70	4	8	5.570	4.372	0.275	26.39	45.74	41.80	10.99	2.18	2.74	1.40	5.14	8.44	4.17	1.86
		5		6.875	5.397	0.275	32.21	57.21	51.08	13.31	2.16	2.73	1.39	6.32	10.32	4.95	1.91
		6		8.160	6.406	0.275	37.77	68.73	59.93	15.61	2.15	2.71	1.38	7.48	12.11	5.67	1.95
		7		9.424	7.398	0.275	43.09	80.29	68.35	17.82	2.14	2.69	1.38	8.59	13.81	6.34	1.99
		8		10.667	8.373	0.274	48.17	91.92	76.37	19.98	2.12	2.68	1.37	9.68	15.43	6.98	2.03
7.5	75	5	9	7.412	5.818	0.295	39.97	70.56	63.30	16.63	2.33	2.92	1.50	7.32	11.94	5.77	2.04
		6		8.797	6.905	0.294	46.95	84.55	74.38	19.51	2.31	2.90	1.49	8.64	14.02	6.67	2.07
		7		10.160	7.976	0.294	53.57	98.71	84.96	22.18	2.30	2.89	1.48	9.93	16.02	7.44	2.11
		8		11.503	9.030	0.294	59.96	112.97	95.07	24.86	2.28	2.88	1.47	11.20	17.93	8.19	2.15
		9		12.825	10.068	0.294	66.10	127.30	104.71	27.48	2.27	2.86	1.46	12.43	19.75	8.89	2.18
		10		14.126	11.089	0.293	71.98	141.71	113.92	30.05	2.26	2.84	1.46	13.64	21.48	9.56	2.22
8	80	5	9	7.912	6.211	0.315	48.79	85.36	77.33	20.25	2.48	3.13	1.60	8.34	13.67	6.66	2.15
		6		9.397	7.376	0.314	57.35	102.50	90.98	23.72	2.47	3.11	1.59	9.87	16.08	7.65	2.19
		7		10.860	8.525	0.314	65.58	119.70	104.07	27.09	2.46	3.10	1.58	11.37	18.40	8.58	2.23
		8		12.303	9.658	0.314	73.49	136.97	116.60	30.39	2.44	3.08	1.57	12.83	20.61	9.46	2.27
		9		13.725	10.774	0.314	81.11	154.31	128.60	33.61	2.43	3.06	1.56	14.25	22.73	10.29	2.31
		10		15.126	11.874	0.313	88.43	171.74	140.09	36.77	2.42	3.04	1.56	15.64	24.76	11.08	2.35
9	90	6	10	10.637	8.350	0.354	82.77	145.87	131.26	34.28	2.79	3.51	1.80	12.61	20.63	9.95	2.44
		7		12.301	9.656	0.354	94.83	170.30	150.47	39.18	2.78	3.50	1.78	14.54	23.64	11.19	2.48
		8		13.944	10.946	0.353	106.47	194.80	168.97	43.97	2.76	3.48	1.78	16.42	26.55	12.35	2.52
		9		15.566	12.219	0.353	117.72	219.39	186.77	48.66	2.75	3.46	1.77	18.27	29.35	13.46	2.56
		10		17.167	13.476	0.353	128.58	244.07	203.90	53.26	2.74	3.45	1.76	20.07	32.04	14.52	2.59
		12		20.306	15.940	0.352	149.22	293.76	236.21	62.22	2.71	3.41	1.75	23.57	37.12	16.49	2.67
10	100	6	12	11.932	9.366	0.393	114.95	200.07	181.98	47.92	3.10	3.90	2.00	15.68	25.74	12.69	2.67
		7		13.796	10.830	0.393	131.86	233.54	208.97	54.74	3.09	3.89	1.99	18.10	29.55	14.26	2.71
		8		15.638	12.276	0.393	148.24	267.09	235.07	61.41	3.08	3.88	1.98	20.47	33.24	15.75	2.76
		9		17.462	13.708	0.392	164.12	300.73	260.30	67.95	3.07	3.86	1.97	22.79	36.81	17.18	2.80
		10		19.261	15.120	0.392	179.51	334.48	284.68	74.35	3.05	3.84	1.96	25.06	40.26	18.54	2.84

续表

型号	截面尺寸/mm			截面面积/cm²	理论质量/(kg/m)	外表面积/(m²/m)	惯性矩/cm⁴				惯性半径/cm			截面模数/cm³			质心距离/cm
	b	d	r				I_x	I_{x1}	I_{x0}	I_{y0}	i_x	i_{x0}	i_{y0}	W_x	W_{x0}	W_{y0}	Z_0
10	100	12	12	22.800	17.898	0.391	208.90	402.34	330.95	86.84	3.03	3.81	1.95	29.48	46.80	21.08	2.91
		14		26.256	20.611	0.391	236.53	470.75	374.06	99.00	3.00	3.77	1.94	33.73	52.90	23.44	2.99
		16		29.627	23.257	0.390	262.53	539.80	414.16	110.89	2.98	3.74	1.94	37.82	58.57	25.63	3.06
11	110	7	12	15.196	11.928	0.433	177.16	310.64	280.94	73.38	3.41	4.30	2.20	22.05	36.12	17.51	2.96
		8		17.238	13.535	0.433	199.46	355.20	316.49	82.42	3.40	4.28	2.19	24.95	40.69	19.39	3.01
		10		21.261	16.690	0.432	242.19	444.65	384.39	99.98	3.38	4.25	2.17	30.60	49.42	22.91	3.09
		12		25.200	19.782	0.431	282.55	534.60	448.17	116.93	3.35	4.22	2.15	36.05	57.62	26.15	3.16
		14		29.056	22.809	0.431	320.71	625.16	508.01	133.40	3.32	4.18	2.14	41.31	65.31	29.14	3.24
12.5	125	8	12	19.750	15.504	0.492	297.03	521.01	470.89	123.16	3.88	4.88	2.50	32.52	53.28	25.86	3.37
		10		24.373	19.133	0.491	361.67	651.93	573.89	149.46	3.85	4.85	2.48	39.97	64.93	30.62	3.45
		12		28.912	22.696	0.491	423.16	783.42	671.44	174.88	3.83	4.82	2.46	41.17	75.96	35.03	3.53
		14		33.367	26.193	0.490	481.65	915.61	763.73	199.57	3.80	4.78	2.45	54.16	86.41	39.13	3.61
		16		37.739	29.625	0.489	537.31	1048.62	850.98	223.65	3.77	4.75	2.43	60.93	96.28	42.96	3.68
14	140	10	14	27.373	21.488	0.551	514.65	915.11	817.27	212.04	4.34	5.46	2.78	50.58	82.56	39.20	3.82
		12		32.512	25.522	0.551	603.68	1099.28	958.79	248.57	4.31	5.43	2.76	59.80	96.85	45.02	3.90
		14		37.567	29.490	0.550	688.81	1284.22	1093.56	284.06	4.28	5.40	2.75	68.75	110.47	50.45	3.98
		16		42.539	33.393	0.549	770.24	1470.07	1221.81	318.67	4.26	5.36	2.74	77.46	123.42	55.55	4.06
15	150	8		23.750	18.644	0.592	521.37	899.55	827.49	215.25	4.69	5.90	3.01	47.36	78.02	38.14	3.99
		10		29.373	23.058	0.591	637.50	1125.09	1012.79	262.21	4.66	5.87	2.99	58.35	95.49	45.51	4.08
		12		34.912	27.406	0.591	748.85	1351.26	1189.97	307.73	4.63	5.84	2.97	69.04	112.19	52.38	4.15
		14		40.367	31.688	0.590	855.64	1578.25	1359.30	351.98	4.60	5.80	2.95	79.45	128.16	58.83	4.23
		15		43.063	33.804	0.590	907.39	1692.10	1441.09	373.69	4.59	5.78	2.95	84.56	135.87	61.90	4.27
		16		45.739	35.905	0.589	958.08	1806.21	1521.02	395.14	4.58	5.77	2.94	89.59	143.40	64.89	4.31
16	160	10	16	31.502	24.729	0.630	779.53	1365.33	1237.30	321.76	4.98	6.27	3.20	66.70	109.36	52.76	4.31
		12		37.441	29.391	0.630	916.58	1639.57	1455.68	377.49	4.95	6.24	3.18	78.98	128.67	60.74	1.39
		14		43.296	33.987	0.629	1048.36	1914.68	1665.02	431.70	4.92	6.20	3.16	90.95	147.17	68.24	4.47
		16		49.067	38.518	0.629	1175.08	2190.82	1865.57	484.59	4.89	6.17	3.14	102.63	164.89	75.31	4.55
18	180	12	16	42.241	33.159	0.710	1321.35	2332.80	2100.10	542.61	5.59	7.05	3.58	100.82	165.00	78.41	4.89
		14		48.896	38.383	0.709	1514.48	2723.48	2407.42	621.53	5.56	7.02	3.56	116.25	189.14	88.38	4.97
		16		55.467	43.542	0.709	1700.99	3115.29	2703.37	698.60	5.54	6.98	3.35	131.13	212.40	97.83	5.05
		18		61.055	48.634	0.708	1875.12	3502.43	2988.24	762.01	5.50	6.94	3.51	145.64	234.78	105.14	5.13
20	200	14	18	54.642	42.894	0.788	2103.55	3754.10	3343.26	863.83	5.20	7.82	3.98	144.70	236.40	111.82	5.46
		16		62.013	48.680	0.788	2366.15	4270.39	3760.89	971.41	6.18	7.79	3.96	163.65	265.93	123.96	5.54
		18		69.301	54.401	0.787	2620.64	4808.13	4164.54	1076.74	6.15	7.75	3.94	182.22	294.48	135.52	5.62
		20		76.505	60.056	0.787	2867.30	5347.51	4554.55	1180.04	6.12	7.72	3.93	200.42	322.06	146.55	5.69
		24		90.661	71.168	0.785	3338.25	6457.16	5294.97	1381.53	6.07	7.64	3.90	236.17	374.41	166.65	5.87
22	220	16	21	68.664	53.901	0.866	3187.36	5681.62	5063.73	1310.99	6.81	8.59	4.37	199.55	325.51	153.81	6.03
		18		76.752	60.250	0.866	3534.30	6395.93	5615.32	1453.27	6.79	8.55	4.35	222.37	360.97	168.29	5.11
		20		84.756	66.533	0.865	3871.49	7112.04	6150.08	1592.90	6.76	8.52	4.34	244.77	395.34	182.16	6.18
		22		92.676	72.751	0.865	4199.23	7830.19	6668.37	1730.10	6.73	8.48	4.32	266.78	428.66	195.45	6.25
		24		100.512	78.902	0.864	4517.83	8550.57	7170.55	1865.11	6.70	8.45	4.31	288.39	460.94	208.21	6.33
		26		108.264	84.987	0.864	4827.58	9273.39	7656.98	1998.17	6.68	8.41	4.30	309.62	492.21	220.49	6.41
25	250	18	24	87.842	68.956	0.985	5268.22	9379.11	8369.04	2167.41	7.74	9.76	4.97	290.12	473.42	224.03	6.84
		20		97.045	76.180	0.984	5779.34	10426.97	9181.94	2376.74	7.72	9.73	4.95	319.66	519.41	242.85	6.92
		24		115.201	90.433	0.983	6763.93	12529.74	10742.67	2785.19	7.66	9.66	4.92	377.34	607.70	278.38	7.07
		26		124.154	97.461	0.982	7238.08	13585.18	11491.33	2984.84	7.63	9.62	4.90	405.50	650.05	295.19	7.15
		28		133.022	104.422	0.982	7700.60	14643.62	12219.39	3181.81	7.61	9.58	4.89	433.22	691.23	311.42	7.22
		30		141.807	111.318	0.981	8151.80	15705.30	12927.26	3376.34	7.58	9.55	4.88	460.51	731.28	327.12	7.30
		32		150.508	118.149	0.981	8592.01	16770.41	13615.32	3568.71	7.56	9.51	4.87	487.39	770.20	342.33	7.37
		35		163.402	128.271	0.980	9232.44	18374.95	14611.16	3853.72	7.52	9.46	4.86	526.97	826.53	364.30	7.48

注：1. 角钢的通常长度为4～19m。
2. 轧制钢号和力学性能，通常为碳素结构钢，应符合 GB/T 700 或 GB/T 1591 的规定。
3. 型钢以热轧状态交货。

热轧不等边角钢

B —— 长边宽度
I —— 惯性矩
b —— 短边宽度
W —— 截面系数
d —— 边厚度
i —— 惯性半径

r —— 内圆弧半径
X_0 —— 质心距离
r_1 —— 边端内圆弧半径,$r_1 = \dfrac{1}{3}d$
Y_0 —— 质心距离
r 及 r_1 仅用于孔型设计不做交货条件

附表 A-2

型号	截面尺寸/mm				截面面积/cm²	理论质量/(kg/m)	外表面积/(m²/m)	惯性矩/cm⁴					惯性半径/cm			截面模数/cm³			tan α	质心距离/cm	
	B	b	d	r				I_x	I_{x1}	I_y	I_{y1}	I_u	i_x	i_y	i_u	W_x	W_y	W_u		X_0	Y_0
2.5/1.6	25	16	3	3.5	1.162	0.912	0.080	0.70	1.56	0.22	0.43	0.14	0.78	0.44	0.34	0.43	0.19	0.16	0.392	0.42	0.86
			4		1.499	1.176	0.079	0.88	2.09	0.27	0.59	0.17	0.77	0.43	0.34	0.55	0.24	0.20	0.381	0.46	1.86
3.2/2	32	20	3	3.5	1.492	1.171	0.102	1.53	3.27	0.46	0.82	0.28	1.01	0.55	0.43	0.72	0.30	0.25	0.382	0.49	0.90
			4		1.939	1.522	0.101	1.93	4.37	0.57	1.12	0.35	1.00	0.54	0.42	0.93	0.39	0.32	0.374	0.53	1.08
4/2.5	40	25	3	4	1.890	1.484	0.127	3.08	5.39	0.93	1.59	0.56	1.28	0.70	0.54	1.15	0.49	0.40	0.385	0.59	1.12
			4		2.467	1.936	0.127	3.93	8.53	1.18	2.14	0.71	1.36	0.69	0.54	1.49	0.63	0.52	0.381	0.63	1.32
4.5/2.8	45	28	3	5	2.149	1.687	0.143	4.45	9.10	1.34	2.23	0.80	1.44	0.79	0.61	1.47	0.62	0.51	0.383	0.64	1.37
			4		2.806	2.203	0.143	5.69	12.13	1.70	3.00	1.02	1.42	0.78	0.60	1.91	0.80	0.66	0.380	0.68	1.47
5/3.2	50	32	3	5.5	2.431	1.908	0.161	6.24	12.49	2.02	3.31	1.20	1.60	0.91	0.70	1.84	0.82	0.68	0.404	0.73	1.51
			4		3.177	2.494	0.160	8.02	16.65	2.58	4.45	1.53	1.59	0.90	0.69	2.39	1.06	0.87	0.402	0.77	1.60
5.6/3.6	56	36	3	6	2.743	2.153	0.181	8.88	17.54	2.92	4.70	1.73	1.80	1.03	0.79	2.32	1.05	0.87	0.408	0.80	1.65
			4		3.590	2.818	0.180	11.45	23.39	3.76	6.33	2.23	1.79	1.02	0.79	3.03	1.37	1.13	0.408	0.85	1.78
			5		4.415	3.466	0.180	13.86	29.25	4.49	7.94	2.67	1.77	1.01	0.78	3.71	1.65	1.36	0.404	0.88	1.82
6.3/4	63	40	4	7	4.058	3.185	0.202	16.49	33.30	5.23	8.63	3.12	2.02	1.14	0.88	3.87	1.70	1.40	0.398	0.92	1.87
			5		4.993	3.920	0.202	20.02	41.63	6.31	10.86	3.76	2.00	1.12	0.87	4.74	2.07	1.71	0.396	0.95	2.04
			6		5.908	4.638	0.201	23.36	49.98	7.29	13.12	4.34	1.96	1.11	0.86	5.59	2.43	1.99	0.393	0.99	2.08
			7		6.802	5.339	0.201	26.53	58.07	8.24	15.47	4.97	1.98	1.10	0.86	6.40	2.78	2.29	0.389	1.03	2.12

续表

型号	截面尺寸/mm				截面面积/cm²	理论质量/(kg/m)	外表面积/(m²/m)	惯性矩/cm⁴					惯性半径/cm			截面模数/cm³			tanα	质心距离/cm	
	B	b	d	r				I_x	I_{x1}	I_y	I_{y1}	I_u	i_x	i_y	i_u	W_x	W_y	W_u		X_0	Y_0
7/4.5	70	45	4	7.5	4.547	3.570	0.226	23.17	45.92	7.55	12.26	4.40	2.26	1.29	0.98	4.86	2.17	1.77	0.410	1.02	2.15
			5		5.609	4.403	0.225	27.95	57.10	9.13	15.39	5.40	2.23	1.28	0.98	5.92	2.65	2.19	0.407	1.06	2.24
			6		6.647	5.218	0.225	32.54	68.35	10.62	18.58	6.35	2.21	1.26	0.98	6.95	3.12	2.59	0.404	1.09	2.28
			7		7.657	6.011	0.225	37.22	79.99	12.01	21.84	7.16	2.20	1.25	0.97	8.03	3.57	2.94	0.402	1.13	2.32
7.5/5	75	50	5	8	6.125	4.808	0.245	34.86	70.00	12.61	21.04	7.41	2.39	1.44	1.10	6.83	3.30	2.74	0.435	1.17	2.36
			6		7.260	5.699	0.245	41.12	84.30	14.70	25.37	8.54	2.38	1.42	1.08	8.12	3.88	3.19	0.435	1.21	2.40
			8		9.467	7.431	0.244	52.39	112.50	18.53	34.23	10.87	2.35	1.40	1.07	10.52	4.99	4.10	0.429	1.29	2.44
			10		11.590	9.098	0.244	62.71	140.80	21.96	43.43	13.10	2.33	1.38	1.06	12.79	6.04	4.99	0.423	1.36	2.52
8/5	80	50	5	8	5.375	5.005	0.255	41.96	85.21	12.82	21.06	7.66	2.56	1.42	1.10	7.78	3.32	2.74	0.388	1.14	2.60
			6		7.560	5.935	0.255	49.49	102.53	14.95	25.41	8.85	2.56	1.41	1.08	9.25	3.91	3.20	0.387	1.18	2.65
			7		3.724	6.848	0.255	56.16	119.33	46.96	29.82	10.18	2.54	1.39	1.08	10.58	4.48	3.70	0.384	1.21	2.69
			8		3.867	7.745	0.254	62.83	136.41	18.85	34.32	11.38	2.52	1.38	1.07	11.92	5.03	4.16	0.381	1.25	2.73
9/5.6	90	56	5	9	7.212	5.661	0.287	60.45	121.32	18.32	29.53	10.98	2.90	1.59	1.23	9.92	4.21	3.49	0.385	1.25	2.91
			6		3.557	6.717	0.286	71.03	145.59	21.42	35.58	12.90	2.88	1.58	1.23	11.74	4.96	4.13	0.384	1.29	2.95
			7		3.880	7.756	0.286	81.01	169.60	24.36	41.71	14.67	2.86	1.57	1.22	13.49	5.70	4.72	0.382	1.33	3.00
			8		11.183	8.779	0.286	91.03	194.17	27.15	47.93	16.34	2.85	1.56	1.21	15.27	6.41	5.29	0.380	1.36	3.04
10/6.3	100	63	6	10	9.617	7.550	0.320	99.06	199.71	30.94	50.50	18.42	3.21	1.79	1.38	14.64	6.35	5.25	0.394	1.43	3.24
			7		11.111	8.722	0.320	113.45	233.00	35.26	59.14	21.00	3.20	1.78	1.38	16.88	7.29	6.02	0.394	1.47	3.28
			8		12.534	9.878	0.319	127.37	266.32	39.39	67.88	23.50	3.18	1.77	1.37	19.08	8.21	6.78	0.391	1.50	3.32
			10		15.467	12.142	0.319	153.81	333.06	47.12	85.73	28.33	3.15	1.74	1.35	23.32	9.98	8.24	0.387	1.58	3.40
10/8	100	80	6	10	10.637	8.350	0.354	107.04	199.83	61.24	102.68	31.65	3.17	2.40	1.72	15.19	10.16	8.37	0.627	1.97	2.95
			7		12.301	9.656	0.354	122.73	233.20	70.08	119.98	36.17	3.16	2.39	1.72	17.52	11.71	9.60	0.626	2.01	3.0
			8		13.944	10.946	0.353	137.92	266.61	78.58	137.37	40.58	3.14	2.37	1.71	19.81	13.21	10.80	0.625	2.05	3.04
			10		17.167	13.476	0.353	166.87	333.63	94.65	172.48	49.10	3.12	2.35	1.69	24.24	16.12	13.12	0.622	2.13	3.12
11/7	110	70	6	10	10.637	8.350	0.354	133.37	265.78	42.92	69.08	25.36	3.54	2.01	1.54	17.85	7.90	6.53	0.403	1.57	3.53
			7		12.301	9.656	0.354	153.00	310.07	49.01	80.82	28.95	3.53	2.00	1.53	20.60	9.09	7.50	0.402	1.61	3.57
			8		13.944	10.946	0.353	172.04	354.39	54.87	92.70	32.45	3.51	1.98	1.53	23.30	10.25	8.45	0.401	1.65	3.62
			10		17.167	13.476	0.353	208.39	443.13	65.88	116.83	39.20	3.48	1.96	1.51	28.54	12.48	10.29	0.397	1.72	3.70
12.5/8	125	80	7	11	14.096	11.066	0.403	227.98	454.99	74.42	120.32	43.81	4.02	2.30	1.76	26.86	12.01	9.92	0.408	1.80	4.01
			8		15.989	12.551	0.403	256.77	519.99	83.49	137.85	49.15	4.01	2.28	1.75	30.41	13.56	11.18	0.407	1.84	4.06
			10		19.712	15.474	0.402	312.04	650.09	100.67	173.40	59.45	3.98	2.26	1.74	37.33	16.56	13.64	0.404	1.92	4.14
			12		23.351	18.330	0.402	364.41	780.39	116.67	209.67	69.35	3.95	2.24	1.72	44.01	19.43	16.01	0.400	2.00	4.22

续表

型号	截面尺寸/mm				截面面积/cm²	理论质量/(kg/m)	外表面积/(m²/m)	惯性矩/cm⁴					惯性半径/cm			截面模数/cm³			$\tan\alpha$	质心距离/cm	
	B	b	d	r				I_x	I_{x1}	I_y	I_{y1}	I_u	i_x	i_y	i_u	W_x	W_y	W_u		X_0	Y_0
14/9	140	90	8	12	18.038	14.160	0.453	365.64	730.53	120.69	195.79	70.83	4.50	2.59	1.98	38.48	17.34	14.31	0.411	2.04	4.50
			10		22.261	17.475	0.452	445.50	913.20	140.03	245.92	85.82	4.47	2.56	1.96	47.31	21.22	17.48	0.409	2.12	4.58
			12		26.400	20.724	0.451	521.59	1096.09	169.79	296.89	100.21	4.44	2.54	1.95	55.87	24.95	20.54	0.406	2.19	4.66
			14		30.456	23.908	0.451	594.10	1279.26	192.10	348.82	114.13	4.42	2.51	1.94	64.18	28.54	23.52	0.403	2.27	4.74
15/9	150	90	8	12	18.839	14.788	0.473	442.05	898.35	122.80	195.96	74.14	4.84	2.55	1.98	43.86	17.47	14.48	0.364	1.97	4.92
			10		23.261	18.260	0.472	539.24	1122.85	148.62	246.26	89.86	4.81	2.53	1.97	53.97	21.38	17.69	0.362	2.05	5.01
			12		27.600	21.666	0.471	632.08	1347.50	172.85	297.46	104.95	4.79	2.50	1.95	63.79	25.14	20.80	0.359	2.12	5.09
			14		31.856	25.007	0.471	720.77	1572.38	195.62	349.74	119.53	4.76	2.48	1.94	73.33	28.77	23.84	0.356	2.20	5.17
			15		33.952	26.652	0.471	763.62	1684.93	206.50	376.33	126.67	4.74	2.47	1.93	77.99	30.53	25.33	0.354	2.24	5.21
			16		36.027	28.281	0.470	805.51	1797.55	217.07	403.24	133.72	4.73	2.45	1.93	82.60	32.27	26.82	0.352	2.27	5.25
16/10	160	100	10	13	25.315	19.872	0.512	668.69	1362.89	205.03	336.59	121.74	5.14	2.85	2.19	62.13	26.56	21.92	0.390	2.28	5.24
			12		30.054	23.592	0.511	784.91	1635.56	239.06	405.94	142.33	5.11	2.82	2.17	73.49	31.28	25.79	0.388	2.36	5.32
			14		34.709	27.247	0.510	896.30	1908.50	271.20	476.42	162.23	5.08	2.80	2.16	84.56	35.83	29.56	0.385	0.43	5.40
			16		39.281	30.835	0.510	1003.04	2181.79	301.60	548.22	182.57	5.05	2.77	2.16	95.33	40.24	33.44	0.382	2.51	5.48
18/11	180	110	10	14	28.373	22.273	0.571	956.25	1940.40	278.11	447.22	166.50	5.80	3.13	2.42	78.96	32.49	26.88	0.376	2.44	5.89
			12		33.712	26.440	0.571	1124.72	2328.38	325.03	538.94	194.87	5.78	3.10	2.40	93.53	38.32	31.66	0.374	2.52	5.98
			14		38.967	30.589	0.570	1286.91	2716.60	369.55	631.95	222.30	5.75	3.08	2.39	107.76	43.97	36.32	0.372	2.59	6.06
			16		44.139	34.649	0.569	1443.06	3105.15	411.85	726.46	248.94	5.72	3.06	2.38	121.64	49.44	40.87	0.369	2.67	6.14
20/12.5	200	125	12	14	37.912	29.761	0.641	1570.90	3193.85	483.16	787.74	285.79	6.44	3.57	2.74	116.73	49.99	41.23	0.392	2.83	6.54
			14		43.687	34.436	0.640	1800.97	3726.17	550.83	922.47	326.58	6.41	3.54	2.73	134.55	57.44	47.34	0.390	2.91	6.62
			16		49.739	39.045	0.639	2023.35	4258.88	615.44	1058.86	366.21	6.38	3.52	2.71	152.18	64.89	53.32	0.388	2.99	6.70
			18		55.526	43.588	0.639	2238.30	4792.00	677.19	1197.13	404.83	6.35	3.49	2.70	169.33	71.74	59.18	0.385	3.06	6.78

注：见附表 A-1 注。

热轧槽钢

- h —— 高度
- b —— 腿宽度
- d —— 腰厚度
- t —— 平均腿厚度
- r —— 内圆弧半径
- r_1 —— 腿端圆弧半径
- I —— 惯性矩
- W —— 截面系数
- i —— 惯性半径
- Z_0 —— $Y-Y$ 与 Y_1-Y_1 轴线间距离
- $r、r_1$ 仅用于孔型设计, 不做交货条件

附表 A-3

型号	h	b	截面尺寸/mm d	t	r	r_1	截面面积/cm²	理论质量/(kg/m)	惯性矩/cm⁴ I_x	I_y	I_{y1}	惯性半径/cm i_x	i_y	截面模数/cm³ W_x	W_y	质心距离/cm Z_0
5	50	37	4.5	7.0	7.0	3.5	6.928	5.438	26.0	8.30	20.9	1.94	1.10	10.4	3.55	1.35
6.3	63	40	4.8	7.5	7.5	3.8	8.451	6.634	50.8	11.9	28.4	2.45	1.19	16.1	4.50	1.36
6.5	65	40	4.3	7.5	7.5	3.8	8.547	6.709	55.2	12.0	28.3	2.54	1.19	17.0	4.59	1.38
8	80	43	5.0	8.0	8.0	4.0	10.248	8.045	101	16.6	37.4	3.15	1.27	25.3	5.79	1.43
10	100	48	5.3	8.5	8.5	4.2	12.748	10.007	198	25.6	54.9	3.95	1.41	39.7	7.80	1.52
12	120	53	5.5	9.0	9.0	4.5	15.362	12.059	346	37.4	77.7	4.75	1.56	57.7	10.2	1.62
12.6	126	53	5.5	9.0	9.0	4.5	15.692	12.318	391	38.0	77.1	4.95	1.57	62.1	10.2	1.59
14a	140	58	6.0	9.5	9.5	4.8	18.516	14.535	564	53.2	107	5.52	1.70	80.5	13.0	1.71
14b	140	60	8.0	9.5	9.5	4.8	21.316	16.733	609	61.1	121	5.35	1.69	87.1	14.1	1.67
16a	160	63	6.5	10.0	10.0	5.0	21.962	17.24	866	73.3	144	6.28	1.83	108	16.3	1.80
16b	160	65	8.5	10.0	10.0	5.0	25.162	19.752	935	83.4	161	6.10	1.82	117	17.6	1.75
18a	180	68	7.0	10.5	10.5	5.2	25.699	20.174	1270	98.6	190	7.04	1.96	141	20.0	1.88
18b	180	70	9.0	10.5	10.5	5.2	29.299	23.000	1370	111	210	6.84	1.95	152	21.5	1.84
20a	200	73	7.0	11.0	11.0	5.5	28.837	22.637	1780	128	244	7.86	2.11	178	24.2	2.01
20b	200	75	9.0	11.0	11.0	5.5	32.837	25.777	1910	144	268	7.64	2.09	191	25.9	1.95
22a	220	77	7.0	11.5	11.5	5.8	31.846	24.999	2390	158	298	8.67	2.23	218	28.2	2.10
22b	220	79	9.0	11.5	11.5	5.8	36.246	28.453	2570	176	326	8.42	2.21	234	30.1	2.03

续表

型号	截面尺寸/mm						截面面积/cm²	理论质量/(kg/m)	惯性矩/cm⁴			惯性半径/cm		截面模数/cm³		质心距离/cm
	h	b	d	t	r	r_1			I_x	I_y	I_{y1}	i_x	i_y	W_x	W_y	Z_0
24a	240	78	7.0	12.0	12.0	6.0	34.217	26.860	3050	174	325	9.45	2.25	254	30.5	2.10
24b	240	80	9.0	12.0	12.0	6.0	39.017	30.628	3280	194	355	9.17	2.23	274	32.5	2.03
24c		82	11.0	12.0	12.0	6.0	43.817	34.396	3510	213	388	8.96	2.21	293	34.4	2.00
25a	250	78	7.0	12.0	12.0	6.0	34.917	27.410	3370	176	322	9.82	2.24	270	30.6	2.07
25b		80	9.0				39.917	31.335	3530	196	353	9.41	2.22	282	32.7	1.98
25c		82	11.0				44.917	35.260	3690	218	384	9.07	2.21	295	35.9	1.92
27a	270	82	7.5	12.5	12.5	6.2	39.284	30.838	4360	216	393	10.5	2.34	323	35.5	2.13
27b		84	9.5				44.684	35.077	4690	239	428	10.3	2.31	347	37.7	2.06
27c		86	11.5				50.084	39.316	5020	261	467	10.1	2.28	372	39.8	2.03
28a	280	82	7.5	12.5	12.5	6.2	40.034	31.427	4760	218	388	10.9	2.33	340	35.7	2.10
28b		84	9.5				45.634	35.823	5130	242	428	10.6	2.30	366	37.9	2.02
28c		86	11.5				51.234	40.219	5500	268	463	10.4	2.29	393	40.3	1.95
30a	300	85	7.5	13.5	13.5	6.8	43.902	34.463	6050	260	467	11.7	2.43	403	41.1	2.17
30b		87	9.5				49.902	39.173	6500	289	515	11.4	2.41	433	44.0	2.13
30c		89	11.5				55.902	43.883	6950	316	560	11.2	2.38	463	46.4	2.09
32a	320	88	8.0	14.0	14.0	7.0	48.513	38.083	7600	305	552	12.5	2.50	475	46.5	2.24
32b		90	10.0				54.913	43.107	8140	336	593	12.2	2.47	509	49.2	2.16
32c		92	12.0				61.313	48.131	8690	374	643	11.9	2.47	543	52.6	2.09
36a	360	96	9.0	16.0	16.0	8.0	60.910	47.814	11900	455	818	14.0	2.73	660	63.5	2.44
36b		98	11.0				68.110	53.466	12700	497	880	13.6	2.70	703	66.9	2.37
36c		100	13.0				75.310	59.118	13400	536	948	13.4	2.67	746	70.0	2.34
40a	400	100	10.5	18.0	18.0	9.0	75.068	58.928	17600	592	1070	15.3	2.81	879	78.8	2.49
40b		102	12.5				83.068	65.208	18600	640	114	15.0	2.78	932	82.5	2.44
40c		104	14.5				91.068	71.488	19700	688	1220	14.7	2.75	986	86.2	2.42

注：1. 槽钢的通常长度为 5~19 m。
2. 见附表 A-1 注 2，注 3。

热轧工字钢

- h——高度
- b——腿宽度
- d——腰厚度
- t——平均腿厚度
- r——内圆弧半径
- r_1——腿端圆弧半径
- I——惯性矩
- W——截面系数
- i——惯性半径
- S——半截面的静力矩

r、r_1 仅用于孔型设计，不做交货条件

附表 A-4

型号	截面尺寸/mm						截面面积/cm²	理论质量/(kg/m)	惯性矩/cm⁴		惯性半径/cm		截面模数/cm³	
	h	b	d	t	r	r_1			I_x	I_y	i_x	i_y	W_x	W_y
10	100	68	4.5	7.6	6.5	3.3	14.345	11.261	245	33.0	4.14	1.52	49.0	9.72
12	120	74	5.0	8.4	7.0	3.5	17.818	13.987	436	46.9	4.95	1.62	72.7	12.7
12.6	126	74	5.0	8.4	7.0	3.5	18.118	14.223	488	46.9	5.20	1.61	77.5	12.7
14	140	80	5.5	9.1	7.5	3.8	21.516	16.890	712	64.4	5.76	1.73	102	16.1
16	160	88	6.0	9.9	8.0	4.0	26.131	20.513	1130	93.1	6.58	1.89	141	21.2
18	180	94	6.5	10.7	8.5	4.3	30.756	24.143	1660	122	7.36	2.00	185	26.0
20a	200	100	7.0	11.4	9.0	4.5	35.578	27.929	2370	158	8.15	2.12	237	31.5
20b	200	102	9.0	11.4	9.0	4.5	39.578	31.069	2500	169	7.96	2.06	250	33.1
22a	220	110	7.5	12.3	9.5	4.8	42.128	33.070	3400	225	8.99	2.31	309	40.9
22b	220	112	9.5	12.3	9.5	4.8	46.528	36.524	3570	239	8.78	2.27	325	42.7
24a	240	116	8.0	13.0	10.0	5.0	47.741	37.477	4570	280	9.77	2.42	381	48.4
24b	240	118	10.0	13.0	10.0	5.0	52.541	41.245	4800	297	9.57	2.38	400	50.4
25a	250	116	8.0	13.0	10.0	5.0	48.541	38.105	5020	280	10.2	2.40	402	48.3
25b	250	118	10.0	13.0	10.0	5.0	53.541	42.030	5280	309	9.94	2.40	423	52.4
27a	270	122	8.5	13.7	10.5	5.3	54.554	42.825	6550	345	10.9	2.51	485	56.6
27b	270	124	10.5	13.7	10.5	5.3	59.954	47.064	6870	366	10.7	2.47	509	58.9
28a	280	122	8.5	13.7	10.5	5.3	55.404	43.492	7110	345	11.3	2.50	508	56.6
28b	280	124	10.5	13.7	10.5	5.3	61.004	47.888	7480	379	11.1	2.49	534	61.2

续表

型号	h	b	d	t	r	r_1	截面面积/cm²	理论质量/(kg/m)	惯性矩/cm⁴ I_x	I_y	惯性半径/cm i_x	i_y	截面模数/cm³ W_x	W_y
30a	300	126	9.0	14.4	11.0	5.5	61.254	48.084	8950	400	12.1	2.55	597	63.5
30b		128	11.0				67.254	52.794	9400	422	11.8	2.50	627	65.9
30c		130	13.0				73.254	57.504	9850	445	11.6	2.46	657	68.5
32a	320	130	9.5	15.0	11.5	5.8	67.156	52.717	11100	460	12.8	2.62	692	70.8
32b		132	11.5				73.556	57.741	11600	502	12.6	2.61	726	76.0
32c		134	13.5				79.956	62.765	12200	544	12.3	2.61	760	81.2
36a	360	136	10.0	15.8	12.0	6.0	76.480	60.037	15800	552	14.4	2.69	875	81.2
36b		138	12.0				83.680	65.689	16500	582	14.1	2.64	919	84.3
36c		140	14.0				90.880	71.341	17300	612	13.8	2.60	962	87.4
40a	400	142	10.5	16.5	12.5	6.3	86.112	67.598	21700	660	15.9	2.77	1090	93.2
40b		144	12.5				94.112	73.878	22800	692	15.6	2.71	1140	96.2
40c		146	14.5				102.112	80.158	23900	727	15.2	2.65	1190	99.6
45a	450	150	11.5	18.0	13.5	6.8	102.446	80.420	32200	855	17.7	2.89	1430	114
45b		152	13.5				111.446	87.485	33800	894	17.4	2.84	1500	118
45c		154	15.5				120.446	94.550	35300	938	17.1	2.79	1570	122
50a	500	158	12.0	20.0	14.0	7.0	119.304	93.654	46500	1120	19.7	3.07	1860	142
50b		160	14.0				129.304	101.504	48600	1170	19.4	3.01	1940	146
50c		162	16.0				139.304	109.354	50600	1220	19.0	2.96	2080	151
55a	550	166	12.5	21.0	14.5	7.3	134.185	105.335	62900	1370	21.6	3.19	2290	164
55b		168	14.5				145.185	113.970	65600	1420	21.2	3.14	2390	170
55c		170	16.5				156.185	122.605	68400	1480	20.9	3.08	2490	175
56a	560	166	12.5				135.435	106.316	65600	1370	22.0	3.18	2340	165
56b		168	14.5				146.635	115.108	68500	1490	21.6	3.16	2450	174
56c		170	16.5				157.835	123.900	71400	1560	21.3	3.16	2550	183
63a	630	176	13.0	22.0	15.0	7.5	154.658	121.407	93900	1700	24.5	3.31	2980	193
63b		178	15.0				167.258	131.298	98100	1810	24.2	3.29	3160	204
63c		180	17.0				179.858	141.189	102000	1920	23.8	3.27	3300	214

注：1. 工字钢的通常长度为 5~19m。
2. 见附表 A-1 注 2，注 3。

附录 B 习题参考答案

单元二 平面基本力系

三、

1. $F_{AC} = \dfrac{2\sqrt{3}}{3}W$（压） $F_{AB} = \dfrac{\sqrt{3}}{3}W$（拉）

2. $F_{AC} = 2.73\text{kN}$ $F_{AB} = 0.732\text{kN}$（均为压力）

3. (a) $F_A = F_B = \dfrac{M}{l}$ (b) $F_A = F_B = \dfrac{M}{l}$ (c) $F_A = F_B = \dfrac{M}{l\cos\alpha}$

单元三 平面任意力系

二、

1. $F_B = 1.5\text{kN}$, $F_C = 1\text{kN}$

2. (a) $F_{Ax} = 0$, $F_{Ay} = -\dfrac{F}{3}$, $F_B = \dfrac{2F}{3}$

    (b) $F_{Ax} = 0$, $F_{Ay} = -F$, $F_B = 2F$

    (c) $F_A = 2F$, $F_{Bx} = -2F$, $F_{By} = F$

    (d) $F_{Ax} = 0$, $F_{Ay} = F$, $F_B = 0$

3. (a) $F_{Ax} = 0$, $F_{Ay} = qa$, $F_B = 2qa$

    (b) $F_{Ax} = 0$, $F_{Ay} = \dfrac{11}{6}qa$, $F_B = \dfrac{13}{6}qa$

    (c) $F_{Ax} = 0$, $F_{Ay} = 2qa$, $M_A = \dfrac{7}{2}qa^2$

    (d) $F_{Ax} = 0$, $F_{Ay} = 3qa$, $M_A = 3qa^2$

4. $F_{Ax} = -2qa$, $F_{Ay} = qa$, $M_A = 3qa^2$

5. $F_{Ax} = -G$, $F_{Ay} = 0$, $F_{BC} = -\sqrt{2}G$

6. $G_{P\max} = 7.41\text{kN}$

7. $F_{Ax} = 0$ $F_{Ay} = -1\text{kN}$ $F_B = 3\text{kN}$ $F_C = 0$ $F_D = 2\text{kN}$

8. $F_{DE} = 2\text{kN}$（压） $F_{CE} = 2\text{kN}$（拉） $F_{BE} = 2.83\text{kN}$（压）

9. $F_1 = 107\text{kN}$（压） $F_2 = 24\text{kN}$（压） $F_3 = 120\text{kN}$（拉）

单元四 空间力系

1. $F_2 = 2.19\text{kN}$ $F_{Ax} = 2.01\text{kN}$ $F_{Az} = 0.376\text{kN}$ $F_{Bx} = 1.77\text{kN}$ $F_{Bz} = 0.152\text{kN}$

2. $F_\tau = 1666.7\text{N}$, $F_{Ax} = -3247.6\text{N}$, $F_{Az} = 0$, $F_{Bx} = -1082.5\text{N}$, $F_{Bz} = 5000\text{N}$

3. (a) $x_C = 4$ (b) $x_C = 3.18$ $y_C = 5$

单元五 杆件的轴向拉伸与压缩

三、

1. (a) $N_{AB} = -2F$ $N_{BC} = F$ $N_{CD} = 5F$

    (b) $N_{AB} = 32\text{kN}$ $N_{BC} = -32\text{kN}$ $N_{CD} = -64\text{kN}$

2. $N_1 = -20\text{kN}$ $N_2 = -10\text{kN}$ $N_3 = 10\text{kN}$
$\sigma_1 = -45.5\text{MPa}$ $\sigma_2 = -22.7\text{MPa}$ $\sigma_3 = 22.7\text{MPa}$

3. $\Delta l = -0.1\text{mm}$

4. $\alpha = 45°$时 $\sigma = 11.2\text{MPa} > [\sigma]$；$\sigma = 60°$时 $\sigma = 9.17\text{MPa} < [\sigma]$

5. $d \geq 2.66\text{cm}$

6. $F_{max} = 84\text{kN}$

7. $d \geq 40\text{mm}$

8. $\sigma_{jy} = 147\text{MPa}$，$\tau = 110\text{MPa}$，$\sigma = 30\text{MPa}$，结构强度足够

单元六 圆轴扭转

三、

1. $|T|_{max} = 300\text{N·m}$

2. $d_1 = 45\text{mm}$ $D_2 = 46\text{mm}$

3. $d = 51.3\text{mm}$

4. $d = 80\text{mm}$

5. 强度条件 $d \geq 39.9\text{mm}$ 刚度条件 $d \geq 51.4\text{mm}$

单元七 梁的弯曲

三、

1. $Q_{A+} = F$，$M_{A+} = 0$，$Q_C = F$，$M_C = \dfrac{Fl}{2}$，$Q_{B-} = F$，$M_{B-} = Fl$

2. (a) $Q = 0$ $|M|_{max} = 5\text{kN·m}$ (b) $|Q|_{max} = 200\text{N}$ $|M|_{max} = 950\text{N·m}$
(c) $|Q|_{max} = qa$ $|M|_{max} = 1.5qa^2$ (d) $|Q|_{max} = F$ $|M|_{max} = Fa$
(e) $|Q|_{max} = \dfrac{2}{3}F$ $|M|_{max} = \dfrac{1}{3}Fa$ (f) $|Q|_{max} = 0$ $|M|_{max} = 5\text{kN·m}$

3. $\sigma = 1.2\text{MPa}$

4. $\sigma = 127\text{MPa}$

5. $d = 128\text{mm}$

6. $b = 70\text{mm}$ $h = 210\text{mm}$

7. (a) $y_B = -\dfrac{ql^4}{16EI}$ $\theta_A = 0$ (b) $y_B = \dfrac{Fl^3}{24EI}$ $\theta_A = \dfrac{13Fl^2}{48EI}$

单元八 组合变形

三、

1. $\sigma_{max} = 64.3\text{MPa}$

2. $\sigma_{xd3} = 71\text{MPa}$

单元九 压杆稳定

三、

1. (c) 最大，(a) 最小

2. $n = 8.25$

参 考 文 献

[1] 蔡广新,邹春伟. 工程力学. 北京:机械工业出版社,1999.
[2] 范钦珊. 工程力学. 北京:中央广播电视大学出版社,2003.
[3] 张秉荣,章剑青. 工程力学. 北京:机械工业出版社,1996.
[4] 刘鸿文. 材料力学. 北京:高等教育出版社,1992.
[5] 吴镇. 理论力学. 上海:上海交通大学出版社,2001.
[6] 刘思俊. 工程力学. 北京:机械工业出版社,2001.
[7] 蔡广新. 机械设计基础实训教程. 北京:机械工业出版社,2002.
[8] 王洪,银金光. 工程力学. 北京:中国林业出版社,2006.
[9] 聂毓琴,吴宏. 材料力学实验与课程设计. 北京:机械工业出版社,2006.
[10] 王义质,李叔涵. 工程力学. 重庆:重庆大学出版社,1998.
[11] 杨虹. 工程力学. 北京:科学出版社,2005.
[12] 李琴. 工程力学. 第2版. 北京:化学工业出版社,2015.